Wissenschaftliche Taschenbücher WTB

Mathematik · Physik

Harry Paul

Nichtlineare Optik II

Akademie-Verlag · Berlin

WTB Wissenschaftliche Taschenbücher

ROLF BORSDORF / MANFRED SCHOLZ
Spektroskopische Methoden in der organischen Chemie

WERNER HABERDITZL
Magnetochemie

GERHARD HEBER
Mathematische Hilfsmittel der Physik, Teil I und II

A. A. SOKOLOW
Elementarteilchen

HEINZ AHRENS
Varianzanalyse

HANS-JÜRGEN TREDER
Relativität und Kosmos
Raum und Zeit in Physik, Astronomie und Kosmologie

ALBERT EINSTEIN
Grundzüge der Relativitätstheorie

ALBERT EINSTEIN
Über die spezielle und die allgemeine Relativitätstheorie

GÜNTHER LUDWIG
Wellenmechanik. Einführung und Originaltexte

HARRY PAUL
Lasertheorie, Teil I und II

FRANZ RUDOLF KESSLER
Einführung in die physikalischen Grundlagen der Kernenergiegewinnung

EBERHARD TEUSCHER
Pharmakognosie, Teil I und II

D. TER HAAR
Quantentheorie. Einführung und Originaltexte

J. H. SANDERS
Die Lichtgeschwindigkeit. Einführung und Originaltexte

JEAN KUNTZMANN
Unendliche Reihen
Mathematische Hilfsmittel der Physik und Chemie
Mit 94 Übungen und 29 Aufgaben

JEAN KUNTZMANN
Systeme von Differentialgleichungen
Mathematische Hilfsmittel der Physik und Chemie
Mit 88 Übungen und 40 Aufgaben

JEAN KUNTZMANN
Komplexe Veränderliche
Mathematische Hilfsmittel der Physik und Chemie
Mit 90 Übungen und 37 Aufgaben

FERDINAND CAP
Einführung in die Plasmaphysik
I. Theoretische Grundlagen

FERDINAND CAP
Einführung in die Plasmaphysik
II. Wellen und Instabilitäten

FERDINAND CAP
Einführung in die Plasmaphysik
III. Magnetohydrodynamik

J. A. ROSANOW
Wahrscheinlichkeitstheorie

HARRY PFEIFER
Theorie linearer Bauelemente
Elektronik für den Physiker I

HARRY PFEIFER
Die Elektronenröhre
Elektronik für den Physiker II

HARRY PFEIFER
Schaltungen mit Elektronenröhren
Elektronik für den Physiker III

HARRY PFEIFER
Leitungen und Antennen
Elektronik für den Physiker IV

HARRY PFEIFER
Mikrowellenelektronik
Elektronik für den Physiker V

HARRY PFEIFER
Halbleiterelektronik
Elektronik für den Physiker VI

SIEGFRIED HAUPTMANN
Über den Ablauf organisch-chemischer Reaktionen

GERHARD HÜBNER / KLAUS JUNG / ECKART WINKLER
Die Rolle des Wassers in biologischen Systemen

STEPHEN G. BRUSH
Kinetische Theorie, Teil I und II
Einführung und Originaltexte

EBERHARD HOFMANN
Eiweiße und Nucleinsäuren als biologische Makromoleküle
Dynamische Biochemie, Teil I

EBERHARD HOFMANN
Enzyme und energieliefernde Stoffwechselreaktionen
Dynamische Biochemie, Teil II

EBERHARD HOFMANN
Intermediärstoffwechsel
Dynamische Biochemie, Teil III

EBERHARD HOFMANN
Grundlagen der Molekularbiologie und Regulation des Zellstoffwechsels
Dynamische Biochemie, Teil IV

HERBERT GOERING
Elementare Methoden zur Lösung von Differentialgleichungsproblemen

PETER KRUMBIEGEL
Isotopieeffekte

D. M. BRINK
Kernkräfte. Einführung und Originaltexte

DIETER ONKEN
Steroide
Zur Chemie und Anwendung

HEINZ GEILER
Ökologie der Land- und Süßwassertiere

ARTHUR F. CRACKNELL
Angewandte Gruppentheorie. Einführung und Originaltexte

DIETER KLAUA
Elementare Axiome der Mengenlehre

GÜNTER TEMBROCK
Grundlagen der Tierpsychologie

J. P. VINSON
Optische Kohärenz in der klassischen Theorie und in der Quantentheorie

W. R. HINDMARSH
Atomspektren. Einführung und Originaltexte

GÜNTER TEMBROCK
Biokommunikation
Informationsübertragung im bielogischen Bereich
Teil I und II

ADOLF ZSCHUNKE
Kernmagnetische Resonanzspektroskopie in der organischen Chemie

DIETER MERKEL
Riechstoffe

JOHN CUNNINGHAM
Vektoren

GEORG DAUTCOURT
Relativistische Astrophysik

ERNST SCHMUTZER
Symmetrien und Erhaltungssätze der Physik

GERHARD LERCH
Pflanzenökologie

MICHAEL GÖSSEL
Angewandte Automatentheorie, Band I
Grundbegriffe

MICHAEL GÖSSEL
Angewandte Automatentheorie, Band II
Lineare Automaten und Schieberegister

HEINRICH KINDLER
Der Regelkreis. Eine Einführung.

A. R. KESSEL
Akustische Kernresonanz

WOLFRAM BRAUER / HANS-WALDEMAR STREITWOLF
Theoretische Grundlagen der Halbleiterphysik

HARRY PAUL
Nichtlineare Optik, Teil I

EBERHARD TEUSCHER
Allgemeine Pharmakognosie
Teil I und II

DIETER KLAUA
Grundbegriffe der axiomatischen Mengenlehre
Teil I und II

DIETRICH BENDER / ERNST-EGON PIPPIG
Einheiten – Maßsysteme – SI

JOACHIM NITSCHMANN
Entwicklung bei Mensch und Tier

WTB

BAND 100

Harry Paul

Nichtlineare Optik II

Spezielle Prozesse

Mit 19 Abbildungen

AKADEMIE-VERLAG · BERLIN

Reihe MATHEMATIK UND PHYSIK

Herausgeber:
Prof. Dr. rer. nat. habil. G. Heber, Dresden
Prof. Dr. phil. habil. W. Holzmüller, Leipzig
Prof. Dr. phil. habil. A. Lösche, Leipzig
Prof. Dr. phil. habil. H. Reichardt, Berlin
Prof. Dr. phil. habil. K. Schröder, Berlin
Prof. Dr. phil. habil. K. Schröter, Berlin
Prof. Dr. rer. nat. habil. H.-J. Treder, Berlin

Verfasser:

Dr. rer. nat. habil. Harry Paul

Zentralinstitut für Optik und Spektroskopie
der Akademie der Wissenschaften der DDR

1973

Lizenznummer: 202 · 100/439/73
Herstellung: VEB Druckhaus „Maxim Gorki", 74 Altenburg
Bestellnummer: 761 561 9 (7100) · ES 18 B 5
Printed in German Democratic Republic

Inhaltsverzeichnis

6. Erzeugung der zweiten Harmonischen

6.1. Die Grundgleichungen

Wir wollen in diesem Kapitel etwas detaillierter den Prozeß der Harmonischenbildung, also der Frequenzverdopplung des Lichtes unter dem Einfluß eines geeigneten nichtlinearen Mediums beschreiben. Die Ausgangsgleichungen zunächst ergeben sich aus der im vierten Kapitel hergeleiteten Beziehung (1.23), Kapitel 4, welche allgemein die (als nicht zu stark vorausgesetzte) räumliche und zeitliche Änderung der komplexen Amplitude A_j einer Welle mit der frequenzmäßig zugehörigen Polarisation in Verbindung bringt.

Kennzeichnen wir die Grundwelle der Frequenz ω durch den Index j = 1, die Harmonische durch j = 2, und identifizieren wir die (gemeinsame) Ausbreitungsrichtung beider Wellen mit der z-Richtung (die Phasenanpassungsbedingung erlaubt, wie in Abschn. 3.3 ausgeführt, nur kollineare Wechselwirkung), so können wir zunächst die benötigten Polarisationsterme nach Gl. (6.17), Kapitel 1, in folgender Form aufschreiben

$$P_\mu^{(1)} = 2 \sum_{\mu',\mu''} \chi_{\mu\mu'\mu''}(\omega; 2\omega, -\omega) E_{\mu'}(z; 2\omega) E^*_{\mu''}(z; \omega) e^{i\omega t} + \text{Konj. Kompl.} \qquad (1.1)$$

sowie

$$P_\mu^{(2)} = \sum_{\mu',\mu''} \chi_{\mu\mu'\mu''}(2\omega; \omega, \omega) E_{\mu'}(z; \omega) E_{\mu''}(z; \omega) e^{2i\omega t} + \text{Konj. Kompl.} \qquad (1.2)$$

(wobei im Fall der Gl. (1.1) die Symmetrie des Suszeptibilitätstensors hinsichtlich der letzten beiden Indexpaare berücksichtigt wurde).

Der jeweilige positive Frequenzanteil der Polarisation ergibt sich hieraus unter Verwendung von Gl. (1.9), Kapitel 4, und Beachtung der Realität des Suszeptibilitätstensors zu

$$P_\mu{}^{(1)(+)} = 2 \sum_{\mu',\mu''} \chi_{\mu\mu'\mu''}(\omega; 2\omega, -\omega) e_{\mu'}^{(2)} e_{\mu''}^{(1)} \times A_2 A_1{}^* e^{-i\omega t} e^{i(k_2-k_1)z}, \tag{1.3}$$

$$P_\mu{}^{(2)(+)} = \sum_{\mu',\mu''} \chi_{\mu\mu'\mu''}(2\omega; \omega, \omega) e_{\mu'}^{(1)} e_{\mu''}^{(1)} A_1{}^2 e^{-2i\omega t} e^{2ik_1 z}. \tag{1.4}$$

Die Bewegungsgleichungen (1.23), Kapitel 4, lauten damit explizit

$$k_1 \cos^2 \alpha_1 \frac{\partial A_1}{\partial z} + \frac{\omega}{c^2} \boldsymbol{e}^{(1)} \varepsilon(\omega) \boldsymbol{e}^{(1)} \dot{A}_1 = i K \omega^2 A_2 A_1{}^* e^{i\Delta k z}, \tag{1.5}$$

$$k_2 \cos^2 \alpha_2 \frac{\partial A_2}{\partial z} + \frac{2\omega}{c^2} \boldsymbol{e}^{(2)} \varepsilon(2\omega) \boldsymbol{e}^{(2)} \dot{A}_2 = 2 i K \omega^2 A_1{}^2 e^{-i\Delta k z}, \tag{1.6}$$

wobei die Größe

$$\Delta k \equiv k_2 - 2 k_1 \tag{1.7}$$

angibt, in welchem Maß die Phasenanpassungsbedingung $\Delta k = 0$ (s. Gl. (3.7), Kapitel 3) verletzt ist. Weiterhin wurde wie in Abschn. 4.3 eine effektive Kopplungskonstante

$$K = \frac{4\pi}{c^2} \sum_{\mu,\mu',\mu''} \chi_{\mu\mu'\mu''}(\omega; 2\omega, -\omega) e_\mu{}^{(1)} e_{\mu'}^{(2)} e_{\mu''}^{(1)}$$

$$= \frac{4\pi}{c^2} \sum_{\mu,\mu',\mu''} \chi_{\mu\mu'\mu''}(2\omega; \omega, \omega) e_\mu{}^{(2)} e_{\mu'}^{(1)} e_{\mu''}^{(1)} \tag{1.8}$$

eingeführt. (Das zweite Gleichheitszeichen gilt dabei auf Grund der Symmetrieeigenschaften (6.20) und (6.22), Kapitel 1, des Suszeptibilitätstensors.)

Nun ist die mathematische Behandlung des Gleichungssystems (1.5), (1.6) wegen seines nichtlinearen Charakters natürlich recht schwierig; eine wesentliche Vereinfachung tritt dann ein, wenn wir von den *partiellen* Dgln. (1.5), (1.6) dadurch zu *gewöhnlichen* Dgln. übergehen, daß wir entweder die zeitliche oder die räumliche Änderung der Amplituden vernachlässigen[1]). Ein solches Verfahren läßt sich physikalisch für folgende experimentelle Situationen rechtfertigen:

a) Wir denken uns die Grundwelle in einen nichtlinearen Kristall eingestrahlt; es seien weder für die Grundwelle noch für die Harmonische Resonatoren aufgestellt, so daß ein einfacher Durchlauf der Wellen durch den Kristall erfolgt. Wir sehen von Einschwingvorgängen ab und interessieren uns nur für den zeitlich stationären Zustand ($\dot{A}_1 = \dot{A}_2 = 0$). Die Gln. (1.5) und (1.6) liefern dann den räumlichen Intensitätsverlauf für beide Wellen.

b) Sowohl die Grundwelle als auch die Harmonische werden durch Resonatoren hoher Güte am „Weglaufen" gehindert; infolge der dabei auftretenden häufigen Reflexionen wird die räumliche Abhängigkeit der Amplituden A_1, A_2 näherungsweise weggemittelt ($\partial A_1/\partial z \approx 0$, $\partial A_2/\partial z \approx 0$).
Aus Gln. (1.5), (1.6) berechnen sich dann in einfacher Weise die stationären Werte der Intensitäten beider Wellen. Darüber hinaus lassen sich mit Hilfe der genannten Gleichungen Einschwingvorgänge untersuchen.

---

[1]) Gln. (1.5) und (1.6) reduzieren sich exakt auf gewöhnliche Dgln., falls die Ausbreitungsgeschwindigkeiten $\tilde{v}_j$ der Amplituden für beide Wellen gleich sind ($\tilde{v}_1 = \tilde{v}_2 = \tilde{v}$). Dann geht nämlich bei der Substitution $\zeta = z$, $\eta = t - z/\tilde{v}$ der Operator $\partial/\partial z + \tilde{v}^{-1}\,\partial/\partial t$ in $\partial/\partial\zeta$ über. Die unter a) erhaltenen Gleichungen beschreiben damit in diesem Fall auch die Amplitudenänderung bei einem Durchlauf eines Impulses durch den Kristall, also eine nichtstationäre Situation.

Wir wollen uns in diesem Kapitel mit dem Fall a) beschäftigen; dagegen werden wir im folgenden Kapitel den parametrischen Oszillator in der Anordnung b) diskutieren. Wir setzen also die zeitlichen Ableitungen in Gln. (1.5), (1.6) gleich Null und erhalten so das Gleichungssystem

$$\frac{\mathrm{d}A_1}{\mathrm{d}z} = i\,\frac{K\omega^2}{k_1\cos^2\alpha_1}\,A_2A_1^*e^{i\Delta kz}, \tag{1.9}$$

$$\frac{\mathrm{d}A_2}{\mathrm{d}z} = 2i\,\frac{K\omega^2}{k_2\cos^2\alpha_2}\,A_1^2e^{-i\Delta kz}, \tag{1.10}$$

das sich mathematisch weiter vereinfachen läßt, wenn wir eine Umnormierung der Amplituden vornehmen, nämlich an Stelle der Amplituden A_j die Größen

$$B_j = \sqrt{\frac{k_j}{2\pi}}\,\frac{c\cos\alpha_j}{\omega_j}\,A_j \quad (j = 1, 2) \tag{1.11}$$

einführen. Die Gln. (1.9), (1.10) schreiben sich dann in der Form

$$\frac{\mathrm{d}B_1}{\mathrm{d}z} = i\sigma B_2B_1^*e^{i\Delta kz}, \tag{1.12}$$

$$\frac{\mathrm{d}B_2}{\mathrm{d}z} = \frac{i\sigma}{2}\,B_1^2e^{-i\Delta kz} \tag{1.13}$$

mit

$$\sigma = \frac{2\omega^3K}{ck_1\cos^2\alpha_1\cos\alpha_2}\sqrt{\frac{2\pi}{k_2}}. \tag{1.14}$$

Setzen wir

$$B_j = b_je^{i\varphi_j} \quad (b_j \geqq 0), \tag{1.15}$$

so finden wir aus Gln. (1.12) und (1.13) durch Aufspaltung in Real- und Imaginärteil die Relationen

$$\frac{\mathrm{d}b_1}{\mathrm{d}z} = -\sigma b_2 b_1 \sin\theta, \tag{1.16}$$

$$\frac{\mathrm{d}b_2}{\mathrm{d}z} = \frac{\sigma}{2} b_1^2 \sin\theta, \tag{1.17}$$

$$\frac{\mathrm{d}\varphi_1}{\mathrm{d}z} = \sigma b_2 \cos\theta, \tag{1.18}$$

$$\frac{\mathrm{d}\varphi_2}{\mathrm{d}z} = \frac{\sigma}{2} \frac{b_1^2}{b_2} \cos\theta, \tag{1.19}$$

wobei die Größe θ gegeben ist durch

$$\theta = \Delta k z + \varphi_2 - 2\varphi_1. \tag{1.20}$$

Multiplizieren wir Gl. (1.18) mit dem Faktor -2 und addieren dazu Gl. (1.19) sowie die triviale Beziehung $\frac{\mathrm{d}}{\mathrm{d}z}(\Delta k z) = \Delta k$, so erhalten wir die folgende Dgl. für θ

$$\frac{\mathrm{d}\theta}{\mathrm{d}z} = \Delta k + \sigma\left(\frac{1}{2}\frac{b_1^2}{b_2} - 2b_2\right)\cos\theta. \tag{1.21}$$

Letztere kann unter Verwendung von Gln. (1.16) und (1.17) auf eine für die Integration geeignetere Form gebracht werden. Zu diesem Zweck drücken wir vermöge der genannten Relationen den gesamten Vorfaktor von $\cos\theta$ in Gl. (1.21) durch b_1, b_2 und die zugehörigen Ableitungen aus mit dem Ergebnis

$$\frac{\mathrm{d}\theta}{\mathrm{d}z} = \Delta k + \cot\theta\left(\frac{1}{b_2}\frac{\mathrm{d}b_2}{\mathrm{d}z} + \frac{2}{b_1}\frac{\mathrm{d}b_1}{\mathrm{d}z}\right) \tag{1.22}$$

oder

$$\frac{\mathrm{d}\theta}{\mathrm{d}z} = \Delta k + \cot\theta\,\frac{\mathrm{d}}{\mathrm{d}z}\ln(b_2 b_1^2). \tag{1.23}$$

Bevor wir uns mit der Lösung des Differentialgleichungssystems (1.16), (1.17) und (1.23) beschäftigen, wollen wir einen einfachen Zusammenhang zwischen den Amplituden b_j und dem entsprechenden (zeitlich gemittelten) Photonenfluß in z-Richtung aufzeigen. Für dessen Dichte gilt ja nach Gl. (2.14), Kapitel 4, sowie Gln. (1.11) und (1.15)

$$\bar{S}_z^{(j)} = \frac{c^2}{2\pi\omega_j} k_j |A_j|^2 \cos^2\alpha_j = \omega_j b_j^2. \qquad (1.24)$$

Die Größe b_j^2 gibt somit — da jedem Photon die Energie $\hbar\omega_j$ zukommt — die Dichte des Photonenflusses in z-Richtung, multipliziert mit dem Faktor $\hbar$, an.

Damit läßt sich der aus Gln. (1.16) und (1.17) (durch Multiplikation dieser Gln. mit $2b_1$ bzw. $4b_2$ und anschließende Addition) folgende Erhaltungssatz

$$\frac{\mathrm{d}}{\mathrm{d}z}(b_1^2 + 2b_2^2) = 0 \qquad (1.25)$$

oder, was dasselbe ist,

$$b_1^2(z) + 2b_2^2(z) = \mathrm{W} \qquad \text{(unabhängig von } z\text{)} \qquad (1.26)$$

physikalisch leicht interpretieren: Zunächst besagt Gl. (1.25), daß eine räumliche Zunahme des Photonenflusses (pro Flächeneinheit) der einen Welle notwendig mit einer Abnahme des Photonenflusses der anderen Welle verknüpft ist, wobei die Änderung im Fall der Harmonischen nur halb so groß ist wie bei der Grundwelle. Da wir zeitlich stationäre Verhältnisse vorausgesetzt haben, ist diese Aussage so zu verstehen, daß in einem von den Ebenen $z = z_0$ und $z = z_0 + \Delta z$ begrenzten zylinderförmigen Stück des Mediums (mit der Grundfläche von 1 cm^2) ständig eine Umwandlung (mit zeitlich konstanter Übergangsrate) von Photonen der Frequenz ω in solche der Frequenz 2ω bzw. umgekehrt stattfindet in der

Weise, daß zwei Photonen der Grundfrequenz benötigt werden, um ein Photon der doppelten Frequenz „aufzubauen“ bzw. daß beim „Zerfall“ eines Photons der letzteren Sorte zwei Photonen der Grundfrequenz „frei werden“. Gl. (1.25) bzw. (1.26) hat somit den gleichen physikalischen Inhalt wie die entsprechende MANLEY-ROWE-Beziehung

$$\dot{\varrho}_1 + 2\dot{\varrho}_2 = 0, \tag{1.27}$$

die sich aus der allgemeinen Relation (2.31), Kapitel 2, durch Spezialisierung auf den Fall der Harmonischenerzeugung ergibt und die zeitliche Änderung der Photonenzahldichten ϱ_1 und ϱ_2 für die Grundwelle bzw. die Harmonische miteinander verknüpft. Die Relation (1.26) wird daher häufig ebenfalls als MANLEY-ROWE-Beziehung bezeichnet.

Weiterhin folgt aus Gln. (1.16) und (1.17), wie nicht anders zu erwarten, ein Erhaltungssatz für die gesamte Energieflußdichte in z-Richtung. In der Tat, multipliziert man Gl. (1.16) mit $2b_1\omega$ und Gl. (1.17) mit $2b_2\omega_2 = 4b_2\omega$ und addiert die so entstehenden Gleichungen, so ergibt sich die Relation

$$\frac{\mathrm{d}}{\mathrm{d}z}\left(\omega b_1^2 + 2\omega b_2^2\right) \equiv \frac{\mathrm{d}}{\mathrm{d}z}\left(\bar{S}_z^{(1)} + \bar{S}_z^{(2)}\right) = 0 \tag{1.28}$$

bzw.

$$\omega b_1^2 + 2\omega b_2^2 = F \quad \text{(unabhängig von } z\text{)}. \tag{1.29}$$

Zur weiteren Vereinfachung des Gleichungssystems (1.16), (1.17) und (1.23) empfiehlt es sich, erneut zu substituieren gemäß

$$b_1 = \sqrt{W}u, \quad b_2 = \sqrt{\frac{W}{2}}\,v, \quad z = \frac{\sqrt{2}\zeta}{\sqrt{W}\sigma}. \tag{1.30}$$

Wir erhalten auf diese Weise die Dgln.

$$\frac{\mathrm{d}u}{\mathrm{d}\zeta} = -uv\sin\theta, \tag{1.31}$$

$$\frac{\mathrm{d}v}{\mathrm{d}\zeta} = u^2\sin\theta \tag{1.32}$$

und

$$\frac{\mathrm{d}\theta}{\mathrm{d}\zeta} = \Delta s + \cot\theta\,\frac{\mathrm{d}}{\mathrm{d}\zeta}\ln(u^2v) \tag{1.33}$$

mit der Abkürzung

$$\Delta s = \frac{\sqrt{2}\Delta k}{\sigma\sqrt{W}}. \tag{1.34}$$

Die Größen u und v stehen dann nach Gl. (1.26) in dem einfachen Zusammenhang

$$u^2 + v^2 = 1. \tag{1.35}$$

6.2. Lösung im Fall von Phasenanpassung

Um möglichst einfache Verhältnisse zu haben, nehmen wir an, das nichtlineare Medium erfülle den rechten Halbraum $z \geqq 0$. Die Grundwelle werde senkrecht zur Kristalloberfläche $z = 0$ eingestrahlt ($k_1 > 0$), damit sind also die Werte von b_1 und φ_1 an der Stelle $z = 0$ durch den äußeren „Pump"prozeß festgelegt. Die entsprechenden Anfangswerte für die Harmonische sind, mathematisch gesehen, frei wählbar. Setzt man speziell $b_2(0) = 0$ ($\varphi_2(0)$ beliebig), so erfaßt man offenbar den Anlaufvorgang der Harmonischenerzeugung „ab initio", während die Annahme eines von Null verschiedenen Anfangswerts $b_2(0)$ sich auf eine solche experimentelle Anordnung bezieht, bei der auch die Harmonische schon eingestrahlt wird. (Im Fall $b_2(0) \ll b_1(0)$ beispielsweise kann man eine eventuelle Verstärkung der Harmonischen studieren.) Wir denken uns im folgenden die Anfangswerte $b_1(0)$, $b_2(0)$ sowie $\varphi_1(0)$ und $\varphi_2(0)$ vorgegeben. Damit sind dann auch die Größe W in Gl. (1.26) und der gesamte Energiefluß F (Gl. (1.29)) festgelegt, und die Größen $u(0) \equiv u_0$, $v(0) \equiv v_0$ und $\theta(0) \equiv \theta_0$ sind ebenfalls fixiert.

Wir untersuchen zunächst den physikalisch bedeutsamen Spezialfall $\Delta k = 0$, setzen also genaue Erfüllung der Phasenanpassungsbedingung voraus. Gl. (1.33) vereinfacht sich dann zu

$$\frac{\sin\theta}{\cos\theta}\frac{\mathrm{d}\theta}{\mathrm{d}\zeta} = \frac{\mathrm{d}}{\mathrm{d}\zeta}\ln(u^2 v) \tag{2.1}$$

oder

$$-\frac{\mathrm{d}}{\mathrm{d}\zeta}\ln\cos\theta = \frac{\mathrm{d}}{\mathrm{d}\zeta}\ln(u^2 v), \tag{2.2}$$

woraus die Relation

$$u^2 v\cos\theta = \Gamma \qquad \text{(unabhängig von } z\text{)} \tag{2.3}$$

folgt. Die Größe Γ wird dabei durch die Anfangswerte festgelegt gemäß

$$\Gamma = u_0{}^2 v_0 \cos\theta_0 . \tag{2.4}$$

Wir integrieren nun zweckmäßig Gl. (1.32). Setzen wir dort zuerst für $\sin\theta$ den aus Gl. (2.3) sich ergebenden Wert

$$\sin\theta = \pm\sqrt{1-\cos^2\theta} = \pm\frac{1}{u^2 v}\sqrt{u^4 v^2 - \Gamma^2} \tag{2.5}$$

ein, so entsteht

$$\frac{\mathrm{d}v}{\mathrm{d}\zeta} = \pm\frac{1}{v}\sqrt{u^4 v^2 - \Gamma^2} \tag{2.6}$$

oder, unter Beachtung der Relation (1.35)

$$\frac{\mathrm{d}v^2}{\mathrm{d}\zeta} = \pm 2\sqrt{v^2(1-v^2)^2 - \Gamma^2}. \tag{2.7}$$

Die letztere Dgl. integrieren wir in der Form

$$\zeta = \pm \frac{1}{2}\int\limits_{v_0^2}^{v^2} \frac{\mathrm{d}(v'^2)}{\sqrt{v'^2(1-v'^2)^2 - \Gamma^2}}$$

$$= \pm \frac{1}{2}\int\limits_{v_0^2}^{v^2} \frac{\mathrm{d}x}{\sqrt{x(1-x)^2 - \Gamma^2}}, \tag{2.8}$$

wir diskutieren also die Umkehrfunktion $\zeta(v^2)$, die offenbar ein elliptisches Integral darstellt.

Da ζ definitionsgemäß reell ist, kommen nur reelle Werte der Wurzel, also positive Werte des Radikanden

$$f(x) = x(1-x)^2 - \Gamma^2 \tag{2.9}$$

in Gl. (2.8) in Frage. Letzterer besitzt, wie man leicht nachrechnet, an der Stelle $x = \frac{1}{3}$ ein Maximum der Höhe

$$f_{\max} = \frac{4}{27} - \Gamma^2 = \frac{4}{27} - v_0^2(1-v_0^2)^2\cos^2\theta_0. \tag{2.10}$$

Dieser Wert ist im allgemeinen positiv, nur im Spezialfall $v_0^2 = \frac{1}{3}$, $\cos\theta_0 = \pm 1$ verschwindet er. Da die Funktion f andererseits an den Stellen $x = 0$ und $x = 1$ (für $\Gamma \neq 0$) negativ ist, liegen, wie in Abb. 1 veranschaulicht, zwei Nullstellen x_1 und x_2 von f im Intervall $0 \ldots 1$, und die Variable x ist somit auf den dazwischenliegenden Bereich beschränkt. (Im Spezialfall $\Gamma = 0$, auf den wir unten eingehender zu sprechen kommen, gilt offenbar $x_1 = 0$, $x_2 = 1$.) Das bedeutet, die Größe v^2 als Funktion von ζ „pendelt", wie in Abb. 2 dargestellt, periodisch zwischen den beiden Extremalwerten x_1 und

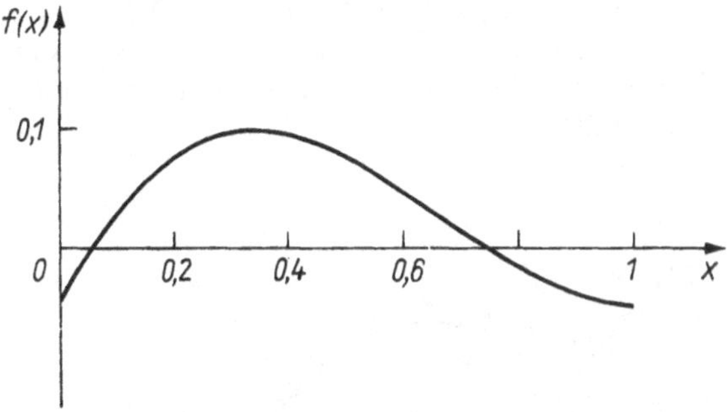

Abb. 1. Graphische Darstellung der Funktion $f(x)$ gemäß Gl. (2.9).

x_2 „hin und her", wobei die zugehörige Periodenlänge gegeben ist durch

$$\Delta\zeta = \int\limits_{x_1}^{x_2} \frac{\mathrm{d}x}{\sqrt{x(1-x)^2 - \Gamma^2}}. \tag{2.11}$$

Aus der Beziehung (1.35) ergeben sich die (in Abb. 2 ebenfalls eingezeichneten) Werte von u^2. Das intensitätsmäßige Anwachsen der einen Welle ist somit von einem entsprechenden Abklingen der anderen Welle begleitet. Offenbar wechselt die Richtung des Umwandlungsprozesses mit zunehmender Eindringtiefe der Pumpwelle. Wenn in einem Raumbereich Energie von der Grundwelle auf die Harmonische übertragen wird, so erfolgt im anschließenden Bereich wieder eine Verstärkung der Pumpwelle auf Kosten der Harmonischen usf. Welcher der beiden Prozesse sich unmittelbar nach Eintritt der Pumpwelle in den Kristall ausbildet, hängt vom Anfangswert der Größe θ ab. Wie man aus Gl. (1.32) erkennt, findet (da die Amplituden per def. nichtnegativ sind) in der Nähe von $\zeta = 0$ eine Verstärkung der Harmonischen im Fall $0 < \theta_0 < \pi$ statt, während umgekehrt für $0 > \theta_0 > -\pi$ die Harmonische geschwächt wird. In den beiden Spezialfällen $\theta_0 = \pi/2$ bzw. $-\pi/2$, die maximaler Energieumsetzung in der Nähe der Eintrittsfläche für die Pumpstrahlung entsprechen, geht der räumlich periodische Charakter der Lösungen u und v verloren, wie wir unten sehen werden.

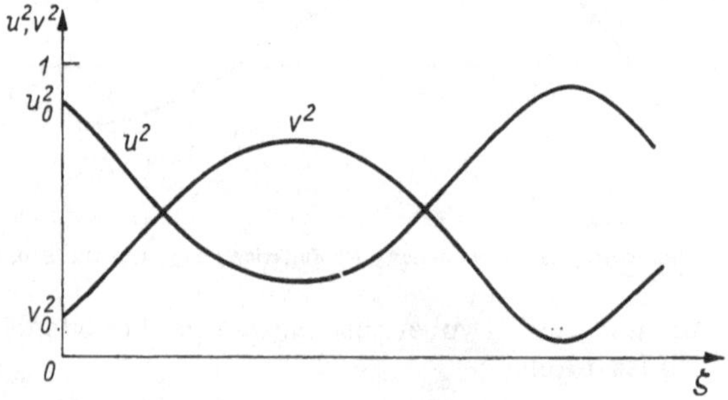

Abb. 2. Räumliche Änderung der Amplituden von Grundwelle (u) und Harmonischer (v). (Nach [3].)

Der „Oszillationsbereich" $x_1 \ldots x_2$ der Größe v^2 nimmt mit zunehmendem Γ^2 ab, denn die Funktion (2.9) verschiebt sich bei wachsendem Parameter Γ^2 nach unten, so daß ihre Schnittpunkte mit der reellen Achse (x_1 und x_2) näher zusammenrücken (s. Abb. 1). Für den Maximalwert von Γ^2, nämlich $\Gamma^2_{\max} = 4/27$, der für $v_0{}^2 = 1/3$ und $\cos\theta_0 = \pm 1$ erreicht wird, reduziert sich das Intervall $x_1 \ldots x_2$ auf den Punkt $x = \frac{1}{3}$; in diesem Fall bleiben die Amplituden u und v also räumlich konstant.

Da die Größe Γ^2 im besonderen von θ_0 abhängt, führt also eine Veränderung der Anfangsphasen der Wellen (bei ungeänderten Anfangsamplituden) zu einer Veränderung des Oszillationsbereichs $x_1 \ldots x_2$, wobei letzterer immer kleiner wird, je mehr sich θ_0 dem Wert Null — gleichgültig, ob von positiven oder negativen Werten her — nähert (weil dann Γ^2 immer mehr anwächst).

Physikalisch bedeutsam ist der Spezialfall $\Gamma = 0$, der sich entweder für $\theta_0 = \pm\pi/2$ bei beliebigen Anfangsamplituden u_0, v_0 oder für $v_0 = 0$ bei beliebigem θ_0 ergibt[1]). Die letztere Anfangsbedingung bezieht sich auf die Erzeugung der Harmonischen ohne „äußere Zündung" (i. e. Einstrahlung eines schwachen Signals der Frequenz 2ω). Da die von uns untersuchten klassischen Bewegungsgleichungen auch in diesem Fall eine Energieübertragung von der Grundwelle auf die Harmonische beschreiben, ist also interessanterweise kein Rauschvorgang zur „Auslösung" des Prozesses erforderlich — im Gegensatz zu der parametrischen Oszillation, wo ein „Zündvorgang" (etwa durch spontanen, also durch die klassischen Gleichungen nicht erfaßten Zerfall von Pump-Photonen in sowohl Signal- als auch Idler-Photonen) unerläßlich ist. Dieser unterschiedliche Charakter des Anlaufvorganges erklärt sich dadurch, daß im Fall der Harmonischenerzeugung die Grundwelle bereits für sich allein eine mit der doppelten Frequenz oszillierende Polarisation des Mediums hervorruft, während bei der parametrischen Oszillation die Pumpwelle erst im Zusammenspiel mit der Idler-Welle eine mit der Signalfrequenz schwingende Polarisationswelle erzeugt.

Für den Fall $\Gamma = 0$ läßt sich nun die Integration in Gl. (2.8) ohne weiteres in geschlossener Form ausführen mit dem Ergebnis

$$\zeta - \zeta_0 = \pm \int_0^v \frac{\mathrm{d}v'}{1 - v'^2} = \pm \operatorname{artanh} v. \qquad (2.12)$$

Dabei wurde beachtet, daß die Größe v^2 für $\Gamma = 0$ im Intervall $0 \ldots 1$ variiert und die Möglichkeit in Betracht

[1]) Die weitere Möglichkeit $u_0 = 0$ entspräche der Subharmonischenerzeugung (Frequenzteilung), auf die wir nicht näher eingehen wollen.

gezogen, daß v_0 von Null verschieden ist (nach dem Obigen muß dann $\cos\theta_0 = 0$ sein), was zu $\zeta_0 \equiv \zeta(v = 0) \neq 0$ führt. Aus Gl. (2.12) ergibt sich die Amplitude v als Funktion von ζ explizit zu

$$v = |\tanh(\zeta - \zeta_0)|, \tag{2.13}$$

und die Größe u berechnet sich hieraus unter Verwendung von Gl. (1.35) zu

$$u = \frac{1}{\cosh(\zeta - \zeta_0)}. \tag{2.14}$$

Es tritt also jetzt keine periodische räumliche Abhängigkeit der Amplituden mehr auf, vielmehr mündet v für $\zeta \to \infty$ asymptotisch in den Wert 1 ein, während u entsprechend asymptotisch auf Null abfällt; es findet also im Endeffekt eine hundertprozentige Energieumwandlung statt.

Aus Gl. (2.3) folgt im Fall $\Gamma = 0$, da $v(\zeta)$ und $u(\zeta)$ für $\zeta \geqq 0$ im allgemeinen beide von Null verschieden sind[1]), $\cos\theta = 0$, also $\theta = \pm\pi/2$. Das Vorzeichen von

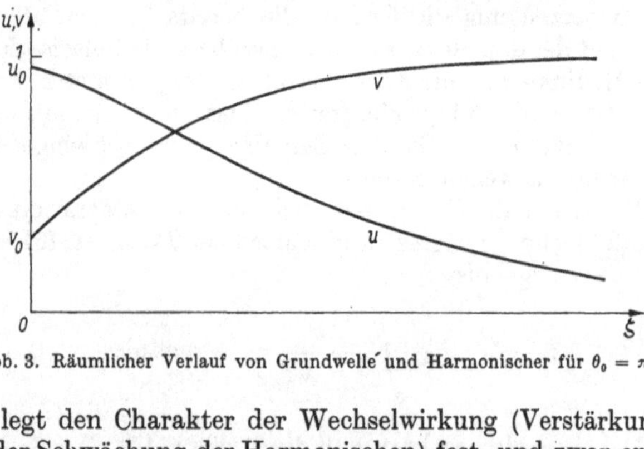

Abb. 3. Räumlicher Verlauf von Grundwelle und Harmonischer für $\theta_0 = \pi/2$.

θ legt den Charakter der Wechselwirkung (Verstärkung oder Schwächung der Harmonischen) fest, und zwar entspricht, wie oben schon erwähnt, das positive Vorzeichen

[1]) An den Stellen ζ, an denen u oder v verschwindet, ist die Phase φ_1 bzw. φ_2 grundsätzlich unbestimmt, und das gleiche gilt demgemäß auch für θ.

der Energieübertragung von der Grundwelle auf die Harmonische, das negative dem umgekehrten Vorgang. Je nach dem Anfangswert θ_0 ergeben sich so die in Abbn. 3 und 4 dargestellten Fälle: Für $\theta_0 = \pi/2$ findet sofort nach Eintritt der Pumpwelle in den Kristall eine Verstärkung der Harmonischen statt, und die Größe θ behält den Anfangswert $\pi/2$. Für $\theta_0 = -\pi/2$ dagegen

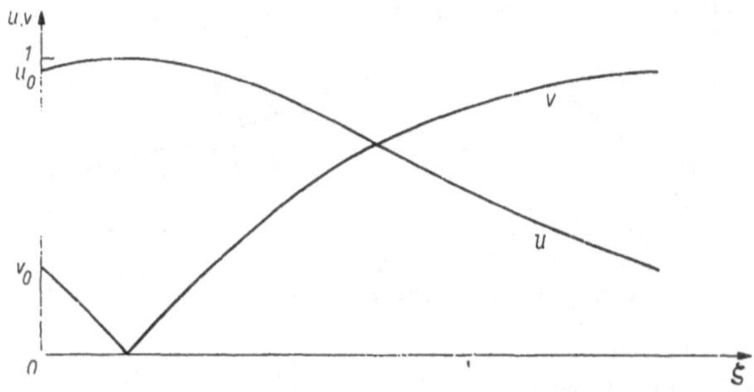

Abb. 4. Anfängliche Abnahme der Intensität der Harmonischen für $\theta_0 = -\pi/2$.

nimmt die Amplitude der Harmonischen zunächst bis zum Wert Null ab und wächst erst dann asymptotisch auf den Maximalwert $v = 1$ an. Die Größe θ springt dabei an der Stelle des Nulldurchgangs der Amplitude v (entsprechend dem Richtungswechsel des Umwandlungsprozesses)von $-\pi/2$ auf $+\pi/2$.

Für die Anfangsbedingung $v_0 = 0$ speziell ist der Anfangswert θ_0 unbestimmt. Da die Amplitude v für $\zeta > 0$ (zunächst jedenfalls) nur anwachsen kann und nach dem Obigen (für $\Gamma = 0$) nur die beiden Möglichkeiten $\theta = +\pi/2$ oder $\theta = -\pi/2$ in Frage kommen, muß also $\theta(\zeta)$ in der Nähe von $\zeta = 0$ gleich $+\pi/2$ sein, und dieser Wert bleibt auch für alle größeren Werte ζ erhalten, weil die Amplitude v keinen Nulldurchgang mehr erleidet, sondern im Gegenteil monoton anwächst, wie es Abb. 5 veranschaulicht. Es stellt sich also sozusagen „von selbst“ die für eine maximale Energieumsetzung erforderliche Phasenbeziehung zwischen der Grundwelle und der Harmonischen ein.

Wir beschäftigen uns vorerst noch mit dem Fall, daß die Phasenanpassungsbedingung verletzt ist.

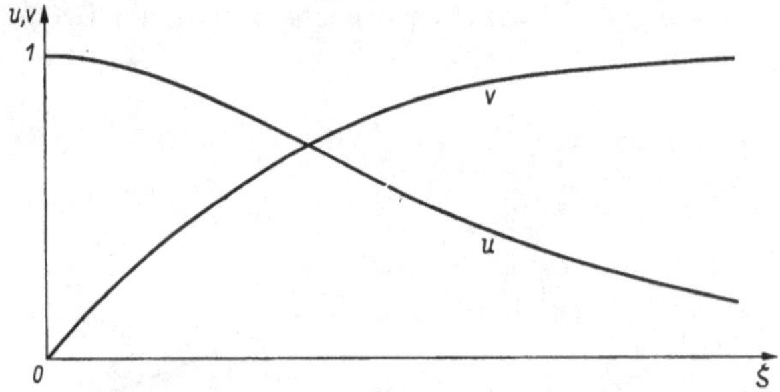

Abb. 5. Harmonischenerzeugung ohne äußere „Zündung". (Nach [3].)

6.3. *Fehlende Phasenanpassung*

Auch im Fall $\Delta k \neq 0$, woraus $\Delta s \neq 0$ folgt, läßt sich Gl. (1.33) exakt integrieren. Führen wir die gleichen Umformungen aus, die uns auf Gl. (2.3) führten, so können wir statt Gl. (1.33) zunächst schreiben

$$\frac{\mathrm{d}}{\mathrm{d}\zeta} \ln (u^2 v \cos \theta) = -\Delta s \tan \theta \tag{3.1}$$

oder, wenn wir die Abkürzung

$$g(\zeta) \equiv u^2 v \cos \theta \tag{3.2}$$

einführen,

$$\frac{\mathrm{d}}{\mathrm{d}\zeta} \ln g = -\Delta s \tan \theta \,. \tag{3.3}$$

Es erweist sich nun als sehr günstig, die Größe g nicht als Funktion von ζ, sondern als Funktion von v^2 zu betrachten. (Da durch das Differentialgleichungssystem (1.31)—(1.33) im besonderen v^2 als Funktion von ζ festgelegt wird, kann man grundsätzlich jede Funktion von ζ auf eine solche von v^2 umrechnen.) Nach Gl. (1.32) gilt dann

$$\frac{\mathrm{d}}{\mathrm{d}(v^2)} \ln g = \frac{1}{\frac{\mathrm{d}v^2}{\mathrm{d}\zeta}} \frac{\mathrm{d}}{\mathrm{d}\zeta} \ln g = \frac{1}{2u^2 v \sin\theta} \frac{\mathrm{d}}{\mathrm{d}\zeta} \ln g . \tag{3.4}$$

Setzen wir hier für $\frac{\mathrm{d}}{\mathrm{d}\zeta} \ln g$ den Wert (3.3) ein, so entsteht (unter Berücksichtigung der Definition von g, s. Gl. (3.2)) die einfache Beziehung

$$\frac{\mathrm{d}}{\mathrm{d}(v^2)} \ln g = -\frac{\Delta s}{2} \frac{1}{g}, \tag{3.5}$$

woraus sofort

$$\frac{\mathrm{d}}{\mathrm{d}(v^2)} g = -\frac{\Delta s}{2} \tag{3.6}$$

und damit

$$g = \mathrm{const} - \frac{\Delta s}{2} v^2 \tag{3.7}$$

folgt. Gemäß Gl. (3.2) lautet das Ergebnis explizit

$$u^2 v \cos\theta + \frac{\Delta s}{2} v^2 = \mathrm{const} \quad (\text{unabhängig von } \zeta) \tag{3.8}$$

oder, wenn wir Gl. (2.4) nunmehr zur Definition von Γ benutzen,

$$u^2 v \cos\theta + \frac{\Delta s}{2} v^2 = \Gamma + \frac{\Delta s}{2} v_0{}^2 . \tag{3.9}$$

Vergleicht man diese Relation mit Gl. (2.3), so erkennt man, daß der Unterschied zu der früheren Rechnung für den Fall $\Delta s = 0$ darin besteht, daß die Größe Γ nunmehr durch $\Gamma + \frac{\Delta s}{2}(v_0^2 - v^2)$ zu ersetzen ist. Dementsprechend nimmt gemäß Gl. (2.8) die Funktion $\zeta(v^2)$ für $\Delta s \neq 0$ die folgende Gestalt an

$$\zeta = \pm \frac{1}{2} \int_{v_0^2}^{v^2} \frac{\mathrm{d}(v'^2)}{\sqrt{v'^2(1 - v'^2)^2 - \left[\Gamma - \frac{\Delta s}{2}(v'^2 - v_0^2)\right]^2}}$$

$$= \pm \frac{1}{2} \int_{v_0^2}^{v^2} \frac{\mathrm{d}x}{\sqrt{x(1 - x)^2 - \left[\Gamma - \frac{\Delta s}{s}(x - v_0^2)\right]^2}}. \quad (3.10)$$

Auch hier handelt es sich also um ein elliptisches Integral, und die Funktion $v^2(\zeta)$ zeigt qualitativ das gleiche Verhalten wie im Fall $\Delta s = 0$: sie pendelt periodisch zwischen zwei Extremwerten hin und her.

Wie wir uns schon in Abschn. 3.3 klarmachten, ist physikalisch zu erwarten, daß eine Verletzung der Phasenanpassungsbedingung zu einer Verringerung der Wechselwirkung zwischen den Wellen führt. Wir wollen diesen Effekt für die Anfangsbedingung $v_0 = 0$ an Hand einer Näherungslösung explizit bestätigen.

Wir vermuten, daß bei einer merklichen Verletzung der Phasenanpassungsbedingung die Amplitude der Harmonischen stets klein bleibt, wenn sie für $\zeta = 0$ verschwindet, und setzen daher näherungsweise

$$u(\zeta) \approx 1 \quad (3.11)$$

(parametrische Näherung). Da mit v_0 auch Γ verschwindet, lautet der Erhaltungssatz (3.9) nunmehr (nach Division durch v) unter Beachtung von (3.11)

$$\cos\theta + \frac{\Delta s}{2} v = 0, \quad (3.12)$$

woraus sich also v zu

$$v = -\frac{2\cos\theta}{\Delta s} \tag{3.13}$$

ergibt[1]).

Andererseits wird aus Gl. (1.32)

$$\frac{\mathrm{d}v}{\mathrm{d}\zeta} = \sin\theta\,. \tag{3.14}$$

Vergleichen wir diese Relation mit der aus Gl. (3.13) durch Differentiation nach ζ folgenden Beziehung, so finden wir für θ die Dgl.

$$\frac{2}{\Delta s}\frac{\mathrm{d}\theta}{\mathrm{d}\zeta} = 1 \tag{3.15}$$

mit der Lösung

$$\theta = \frac{\Delta s}{2}\,\zeta + \theta_0\,. \tag{3.16}$$

Damit lautet also die Lösung (3.13) explizit

$$v = -\frac{2}{\Delta s}\cos\left(\frac{\Delta s}{2}\,\zeta + \theta_0\right), \tag{3.17}$$

und der Anfangswert θ_0 bestimmt sich, wenn wir das Vorzeichen der Amplitude v so wählen, daß letztere in der Nähe von $\zeta = 0$ positiv wird, aus der Anfangsbedingung $v_0 = 0$ zu

$$\theta_0 = \frac{\pi}{2}, \tag{3.18}$$

[1]) Wir lassen jetzt zweckmäßigerweise positive und negative Werte von v zu und vermeiden dadurch die unter Zugrundelegung der Konvention $v \geqq 0$ an den Nullstellen von v auftretenden Sprünge von θ. (Vgl. hierzu die Diskussion des Falls $\Gamma = 0$, $\theta_0 = -\pi/2$ am Schluß von Abschn. 6.2.)

so daß also endgültig geschrieben werden kann

$$v = \frac{2}{\varDelta s} \sin\left(\frac{\varDelta s}{2}\zeta\right). \tag{3.19}$$

Beschränkt man die Amplitude v wie früher auf nichtnegative Werte, so hat man auf der rechten Seite von Gl. (3.19) Betragsstriche anzubringen und Gl. (3.16) dahingehend abzuändern, daß die Größe θ bei jedem Nullwerden von v einen Phasensprung um π erleidet. Es ergibt sich dann die in Abb. 6 dargestellte Kurve für v.

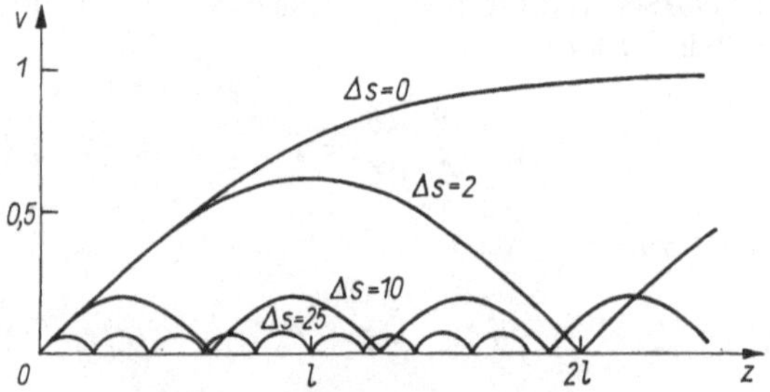

Abb. 6. Die Amplitude der Harmonischen bei fehlender Phasenanpassung $\varDelta s \neq 0$. Die Größe l bezeichnet die Kristallänge. (Nach [3].)

Der Gültigkeitsbereich der Näherungslösung (3.19) ist, da ja die Beziehung (3.11) vorausgesetzt wurde, etwa durch die Ungleichung

$$\varDelta s \gtrapprox 10 \tag{3.20}$$

gegeben. Man sieht, daß mit zunehmender Abweichung vom Fall genauer Phasenanpassung der Energieaustausch zwischen Pumpwelle und Harmonischer immer geringer wird (der Maximalwert $v_{\max} = 2/\varDelta s$ der Amplitude der Harmonischen nimmt mehr und mehr ab), während andererseits der Wechsel zwischen Verstärkung und Schwächung der Harmonischen in immer kleineren (räumlichen) Abständen erfolgt.

6.4. *Physikalische Diskussion der Lösungen*

Wir wollen nun den physikalischen Gehalt der erhaltenen Resultate herausstellen. Wir beginnen mit dem einfachsten Spezialfall $\Delta k = 0$, $v_0 = 0$, für den gemäß Gln. (2.13) und (2.14) gilt

$$v = \tanh \zeta \tag{4.1}$$

und

$$u = \frac{1}{\cosh \zeta}. \tag{4.2}$$

Machen wir die Transformation (1.30) wieder rückgängig, so entsteht aus den vorstehenden Gleichungen

$$b_2 = \sqrt{\frac{W}{2}} \tanh \left(\sqrt{\frac{W}{2}} \sigma z \right) \tag{4.3}$$

und

$$b_1 = \frac{\sqrt{W}}{\cosh \left(\sqrt{\frac{W}{2}} \sigma z \right)} \tag{4.4}$$

mit

$$W = b_1{}^2(0) + 2 b_2{}^2(0) = b_1{}^2(0). \tag{4.5}$$

(Die letzte Beziehung folgt aus Gl. (1.26) unter Beachtung von $b_2(0) = 0$.)

Aus Gl. (4.3) ersieht man, daß der (räumliche) Anstieg der Amplitude der Harmonischen um so steiler erfolgt, je größer einerseits die Kopplungskonstante σ, andererseits aber auch die Anfangsamplitude $b_1(0)$ der Pumpwelle ist. Diese Aussage überrascht nicht, sie besagt nichts weiter, als daß die Wechselwirkung zwischen der eingestrahlten Pumpwelle und der — unter der Mitwirkung des nichtlinearen Mediums sich ausbildenden — Harmonischen mit wachsender Kopplungskonstante und zunehmender Intensität der Pumpstrahlung immer intensiver wird.

Die Größen u^2 und v^2 selbst lassen sich übrigens leicht direkt physikalisch interpretieren: Nach Gln. (1.24) und (1.30) schreibt sich die (zeitlich gemittelte) Energiestromdichte in z-Richtung für die einzelnen Wellen als

$$\bar{S}_z^{(1)} = \omega b_1^2 = \omega W u^2, \tag{4.6}$$

$$\bar{S}_z^{(2)} = 2\omega b_2^2 = \omega W v^2, \tag{4.7}$$

so daß also u^2 und v^2 den jeweiligen prozentualen Anteil der Grundwelle bzw. der Harmonischen am gesamten Energiefluß (pro Flächeneinheit)

$$F = \bar{S}_z^{(1)} + \bar{S}_z^{(2)} = \omega W \tag{4.8}$$

bedeuten.

Für $v_0 = 0$ gibt die Größe $v^2(z)$ an, welcher Prozentsatz der eingestrahlten Pumpenergie in dem Raumbereich $0 \ldots z$ (stationär) in Strahlung der doppelten Frequenz umgewandelt wird, $v^2(z)$ ist somit der Konversionskoeffizient für den Prozeß der Harmonischenerzeugung.

Wie Abb. 5 verdeutlicht, verläuft die Kurve $v(\zeta)$ nach dem anfänglichen Anstieg immer flacher, das bedeutet, die Wirkung des Kristalls wird immer geringer. Es lohnt sich damit — experimentell gesehen — gar nicht, einen übermäßig langen Kristall zu verwenden, da die damit verbundene Vergrößerung des Konversionskoeffizienten in keinem vernünftigen Verhältnis zum Aufwand steht, ganz abgesehen davon, daß ja eine (in unserer Rechnung nicht berücksichtigte) Dämpfung der Wellen im Innern des Kristalls (etwa durch Streuung an Inhomogenitäten) stattfindet, welche für große Werte ζ den Zuwachs von v gemäß Gl. (4.1) sowieso überkompensiert.

Es gibt also eine optimale Kristallänge l_{opt}, deren Überschreitung kaum noch Vorteile bringt und die wir etwa dadurch definieren können, daß für $z = l_{\text{opt}}$ der

Konversionskoeffizient den Wert $(\tanh 1)^2 \approx 60\%$ annimmt. Nach Gln. (4.3) bzw. (4.4) und (4.8) gilt dann

$$l_{\text{opt}} = \frac{1}{\sigma}\sqrt{\frac{2}{W}} = \frac{1}{\sigma}\sqrt{\frac{2\omega}{F}}, \tag{4.9}$$

wobei F die Energiestromdichte der einfallenden Pumpwelle bezeichnet.

Wie nicht anders zu erwarten, nimmt l_{opt} mit zunehmender Stärke der Wechselwirkung (sei es durch Vergrößerung der Kopplungskonstante durch Wahl eines Kristalls mit besonders günstigen Werten der nichtlinearen Suszeptibilität oder durch Erhöhung der Pumpleistung) ab. Die Abhängigkeit der optimalen Länge von der Energiestromdichte der Pumpwelle gibt sofort einen wichtigen Hinweis für die Ausführung des Experiments: Um l_{opt} möglichst klein zu machen (und sich damit den Längen der tatsächlich verfügbaren Kristalle, die von der Größenordnung 1 cm sind, anzunähern), empfiehlt es sich, die zur Verfügung stehende Pumpenergie (geliefert normalerweise von einem Riesenimpulslaser) optimal dadurch zu nutzen, daß man die zugehörige Energiestromdichte durch Fokussierung — etwa mittels Linsen — vergrößert. So ergibt sich beispielsweise im Fall eines KDP-Kristalls aus Gl. (4.9) bei einer Energiestromdichte der Pumpstrahlung von der Größe 100 Megawatt/cm² und der Wellenlänge $\lambda = 6943\,\text{Å}$ des Pumplichts für l_{opt} der Wert 0,5 cm (s. [7]).

Wir betrachten nun den Fall $\Delta k = 0$, $v_0 \neq 0$. Hier hängt der räumliche Verlauf von v und u weitgehend von der Anfangsphase θ_0 ab. Für die Grenzfälle $\theta_0 = \pi/2$ und $\theta_0 = -\pi/2$ ergibt sich im Limes unendlicher Kristallänge wieder eine vollständige Umsetzung der Pumpenergie. Dies trifft nicht mehr zu, wenn θ_0 von den genannten Werten abweicht. Wie aus Gl. (2.3) hervorgeht, hängt die Größe θ dann — im Gegensatz zu den oben betrachteten Fällen, in denen Γ verschwindet — von ζ ab und erreicht, da weder u noch v an irgendeiner

Stelle Null werden (s. Abb. 2), niemals einen der beiden ausgezeichneten Werte $\Theta = \pm\pi/2$, die einer maximalen Wechselwirkung zwischen der Grundwelle und der Harmonischen entsprechen. Physikalisch bedeutet dies, die Leistung der einen Welle an der frequenzmäßig zugehörigen Polarisation des Mediums enthält stets einen Anteil, der, elektrotechnisch gesprochen, eine Blindleistung darstellt. (Während einer Viertelperiode der Lichtschwingung wird Energie von der Welle auf das Medium übertragen, in der darauffolgenden Viertelperiode fließt die Energie wieder zurück usf.) Damit wird verständlich, daß im Fall $\Gamma \neq 0$ eine hundertprozentige Umwandlung der Pumpenergie prinzipiell unmöglich ist. Wie schon in Abschn. 6.2 erwähnt, wird bei festen Werten u_0, v_0 der Oszillationsbereich $x_1 \cdots x_2$ der Größe v^2 kleiner (und damit nimmt im besonderen der Maximalwert von v^2 ab, der den größtmöglichen Konversionskoeffizienten angibt), wenn sich Θ_0 dem Wert Null nähert. Für $\Theta_0 = 0$ ist die Energieumwandlung am geringsten.

Wegen des räumlich periodischen Charakters der Amplituden $u(\zeta)$ und $v(\zeta)$ bringt das Überschreiten einer optimalen Kristallänge (die im Fall einer Verstärkung der Harmonischen durch den Wert von ζ festgelegt ist, für den v zum ersten Mal seinen Maximalwert annimmt) nicht nur keinen Nutzen, sondern führt im Gegenteil wieder zu einer Verkleinerung des Wirkungsgrades der Umsetzung (die bis zu einer Richtungsumkehr der insgesamt erfolgten Umwandlung — also zu einer Schwächung statt Verstärkung — gehen kann).

Der Effekt der Verminderung der Wechselwirkung zwischen den beiden Wellen schließlich, der durch eine Verletzung der Phasenanpassungsbedingung verursacht ist, läßt sich physikalisch leicht interpretieren. Da sich die Lichtwellen in der Phasengeschwindigkeit von den zugehörigen (mit gleicher Frequenz wie die Welle oszillierenden) Polarisationsanteilen unterscheiden, ändert sich, räumlich gesehen, die relative Phase zwischen Welle und Polarisation. Es schließt sich somit an einen

Bereich, in dem die Harmonische verstärkt wird, ein solcher an, in dem wieder eine Schwächung dieser Welle erfolgt usf. (s. Abb. 6). Die Dicke $\Delta\zeta$ bzw. Δz eines derartigen Bereichs ergibt sich (im Fall der Anfangsbedingung $v_0 = 0$) als der Abstand zwischen einer Nullstelle von v und der Stelle des darauffolgenden Maximums, d. h., unter Zugrundelegung der Näherungslösung (3.19) gilt

$$\frac{\Delta s}{2}\,\Delta\zeta = \frac{\Delta k\,\Delta z}{2} = \frac{\pi}{2} \tag{4.10}$$

(wobei noch die Beziehungen (1.30) und (1.34) beachtet wurden), und Δz ist damit gegeben durch

$$\Delta z = \frac{\pi}{\Delta k}. \tag{4.11}$$

Wenn der Kristall genügend kurz oder (und) die Größe Δk klein ist im Sinn der Ungleichung

$$\Delta k l \lesssim \pi \tag{4.12}$$

mit l als Kristallänge, hat die Verletzung der Phasenanpassungsbedingung noch keinen merklichen Effekt. Das bedeutet experimentell, daß die Einstrahlungsrichtung für die Grundwelle einen gewissen Spielraum besitzen kann, der allerdings gering ist[1]) (s. z. B. [55]).

Bei den bisherigen Betrachtungen wurde ein ungehindertes „Weglaufen" der neu entstehenden Strahlung angenommen. Sorgt man — ähnlich wie beim Laser — für eine Rückkopplung der erzeugten Strahlung, indem man den nichtlinearen Kristall in einen auf die Frequenz der Harmonischen abgestimmten, für die Grundwelle

[1]) Bei großer Winkeldivergenz der Pumpwelle, wie sie bei Fokussierung vorliegt, werden die Verhältnisse dadurch wieder günstiger, daß nun auch phasenangepaßte *nicht*kollineare Wechselwirkung ($\boldsymbol{k}_1 + \boldsymbol{k}_1' = \boldsymbol{k}_2$) ins Spiel kommt.

möglichst durchlässigen Resonator setzt, so wird man eine Erhöhung der Umsetzungsrate erwarten (die besonders dann beträchtlich ist, wenn die tatsächliche Kristallänge weit unter der optimalen liegt). Mit diesem Effekt wollen wir uns im folgenden Abschnitt näher beschäftigen.

6.5. Rückkopplung mittels eines Resonators

Um weiterhin mit laufenden (ebenen) Wellen rechnen zu können, nehmen wir eine ringförmige Resonatoranordnung an, wie sie durch Abb. 7 wiedergegeben wird.

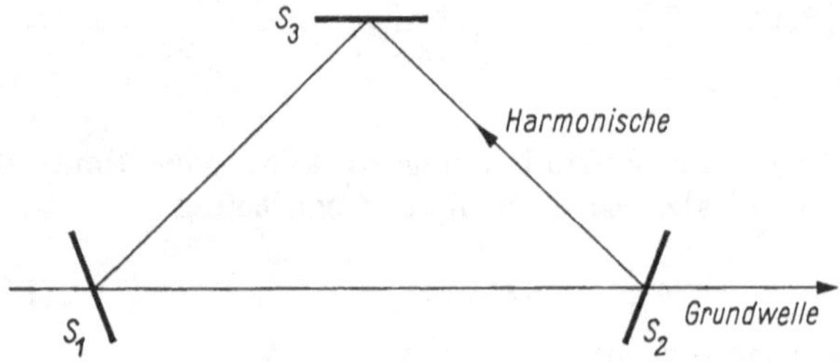

Abb. 7. Ringresonator für die Erzeugung der Harmonischen.

Die Resonatorspiegel S_1 und S_2 seien für die Pumpwelle vollständig durchlässig, für die Harmonische dagegen sehr gut reflektierend. (Derartige frequenzmäßig selektiv reflektierende Spiegel lassen sich durch Aufdampfen geeigneter dielektrischer Schichten herstellen.) Der Hilfsspiegel S_3 hat nur die Funktion, die Richtung des auffallenden Lichts zu verändern, wir können ihn daher idealisierend als hundertprozentig reflektierend voraussetzen. Im Gegensatz dazu ist ein endliches Durchlaßvermögen wenigstens eines der beiden Spiegel S_1 und S_2 prinzipiell notwendig, um überhaupt eine Auskopplung der erzeugten Strahlung zu erlauben und damit einen stationären Betrieb möglich zu machen. Zur Vereinfachung nehmen wir an, daß das Reflexionsvermögen r (Verhältnis von reflektierter zu einfallender Intensität) der Spiegel S_1 und S_2 gleich sei. (Von Beugungsverlusten wollen wir absehen.) Der Resonator sei auf die Frequenz der Harmonischen abgestimmt; das bedeutet, die Phase der Harmonischen reproduziert sich bei einem Umlauf (sie ändert sich formal um ein ganzzahliges Vielfaches von 2π).

Die Wirkungsweise des Resonators ist nun leicht zu verstehen: Nach Einsetzen der Einstrahlung (allein) der Pumpwelle bildet sich gemäß Abb. 5 die Harmonische mit im allgemeinen noch relativ kleiner Amplitude aus.[1]) Die erzeugte Welle wird zum größten Teil an den Resonatorspiegeln reflektiert und tritt erneut (zusammen mit der Pumpwelle) in den Kristall ein, und zwar — wegen der Abstimmung des Resonators auf die Frequenz der Harmonischen — mit einer solchen Phase, daß wieder $\theta_0 = \frac{\pi}{2}$ gilt, also maximale Verstärkung der Harmonischen entsprechend Abb. 3 erfolgt. Dieser Prozeß wiederholt sich ständig, so daß die Amplitude v der Harmonischen — betrachtet etwa an der Austrittsstelle aus dem Kristall — immer mehr anwächst. Der Resonator hat somit die gleiche Wirkung wie eine Verlängerung

[1]) Wir interpretieren jetzt die früher für den stationären Fall gefundene *räumliche* Abhängigkeit der Amplitude v als die *zeitliche* Abhängigkeit der Amplitude in einer — mit der Phasengeschwindigkeit u_2 sich bewegenden — Ebene konstanter Phase, indem wir die Abszisse z durch $u_2 t$ ersetzen. Dieses Verfahren ist physikalisch einsichtig, wenn man folgendes bedenkt: es wird einerseits der Kristall durch die Wechselwirkung nicht verändert — er besitzt kein „Gedächtnis" — und andererseits stimmen, wie in Abschn. 3.3 ausgeführt, die Grundwelle und die Harmonische in ihrer Phasengeschwindigkeit (bei Phasenanpassung) überein, so daß die Amplitude v in einer Ebene konstanter Phase bei ihrem Durchlauf durch den Kristall weder von den davor noch den dahinter sich abspielenden Prozessen beeinflußt wird. Formal ergibt sich die geschilderte Umdeutung durch die Substitution $\zeta = z$ $\eta = t - z/\tilde{v}$ (s. die Fußnote auf S. 7) mit $\tilde{v} = u_1 = u_2$, wenn man einen Wert $\eta = \text{const}$ betrachtet.

des Kristalls. Das geschilderte Wachstum von $v(z = l)$ wird aber durch die Resonatorverluste begrenzt; es wird sich schließlich ein stationärer Zustand einstellen, der dadurch charakterisiert ist, daß der Energiegewinn, den die Harmonische bei einem Umlauf durch den Resonator infolge der Wechselwirkung mit der Pumpwelle erfährt (und der, wie man aus Abb. 5 entnimmt, mit zunehmender Anfangsamplitude $v(0)$ immer kleiner wird, da man immer mehr in den Bereich schwachen Anstiegs der Kurve $v(\zeta)$ in Abb. 5 gelangt), die bei der Reflexion an den Resonatorspiegeln auftretenden Verluste gerade deckt.

Wir wollen nun den zu erwartenden stationären Zustand quantitativ diskutieren (s. hierzu [1]). Wir setzen wieder genaue Erfüllung der Phasenanpassungsbedingung voraus und machen Gebrauch von der in Abschn. 6.2 hergeleiteten Lösung (2.13) für v. Aus Gln. (1.30), (2.13) und (1.26) erhalten wir für die Amplitude der Harmonischen an der Austrittsstelle $z = l$ der Welle aus dem Kristall den Ausdruck

$$b_2(l) = \sqrt{b_2^2(0) + \frac{1}{2}\, b_1^2(0)} \times \tanh\left(\sqrt{b_2^2(0) + \frac{1}{2}\, b_1^2(0)}\, \sigma l - \zeta_0\right). \tag{5.1}$$

Die Größe ζ_0 bestimmt sich dabei aus der Anfangsbedingung

$$b_2(0) = -\sqrt{b_2^2(0) + \frac{1}{2}\, b_1^2(0)}\, \tanh \zeta_0 \tag{5.2}$$

zu

$$\zeta_0 = -\operatorname{artanh} \frac{b_2(0)}{\sqrt{b_2^2(0) + \frac{1}{2}\, b_1^2(0)}}. \tag{5.3}$$

Da der Resonator, wie oben erwähnt, für eine phasengerechte Rückkopplung der Harmonischen sorgt, ist

$b_2(0)$ positiv, also ζ_0 negativ, und entsprechend ist $b_2(l)$ gemäß Gl. (5.1) eine positive Größe.

Die Amplitude $b_2(l)$ wird nun bei der Reflexion an den Spiegeln S_1 und S_2 jedesmal um den Faktor $\sqrt{r}$ geschwächt, so daß die Welle nach einem Durchgang durch den Resonator mit der Amplitude

$$b_2'(0) = r b_2(l) \tag{5.4}$$

wieder in den Kristall eintritt. Im stationären Fall muß $b_2'(0)$ mit $b_2(0)$ übereinstimmen; nach Gl. (5.1) erhalten wir so die Stationaritätsbedingung in der Form

$$b_2(0) = r\sqrt{b_2^2(0) + \frac{1}{2}\,b_1^2(0)} \times \tanh\left(\sqrt{b_2^2(0) + \frac{1}{2}\,b_1^2(0)}\,\sigma l - \zeta_0\right). \tag{5.5}$$

Diese Gleichung können wir unter Verwendung des bekannten Additionstheorems

$$\tanh(x - y) = \frac{\tanh x - \tanh y}{1 - \tanh x \tanh y} \tag{5.6}$$

und Berücksichtigung von Gl. (5.2) umformen in

$$b_2(0) = \frac{r\sqrt{b_2^2(0) + \frac{1}{2}\,b_1^2(0)}\,\tanh\left(\sqrt{b_2^2(0) + \frac{1}{2}\,b_1^2(0)}\,\sigma l\right) + r b_2(0)}{1 + \dfrac{\tanh\left(\sqrt{b_2^2(0) + \frac{1}{2}\,b_1^2(0)}\,\sigma l\right)}{\sqrt{b_2^2(0) + \frac{1}{2}\,b_1^2(0)}}\,b_2(0)} \tag{5.7}$$

oder

$$\tanh\left(\sqrt{b_2^2(0)+\frac{1}{2}\,b_1^2(0)}\,\sigma l\right)\left(r-\frac{b_2^2(0)}{b_2^2(0)+\frac{1}{2}\,b_1^2(0)}\right)$$

$$=(1-r)\frac{b_2(0)}{\sqrt{b_2^2(0)+\frac{1}{2}\,b_1^2(0)}}. \tag{5.8}$$

Diese Gleichung hat auf jeden Fall eine Lösung $b_2(0) > 0$, wie man am einfachsten aus einer graphischen Diskussion erkennt (s. Abb. 8). Die der linken Seite von Gl. (5.8) entsprechende Kurve $F_1(b_2(0))$ beginnt für $b_2(0) = 0$ mit dem endlichen (positiven) Wert $r\tanh\left(\sqrt{\frac{1}{2}\,b_1^2(0)}\,\sigma l\right)$ und erreicht im Limes $b_2(0) \to \infty$ den Wert $r - 1 < 0$; die rechte Seite von Gl. (5.8) ver-

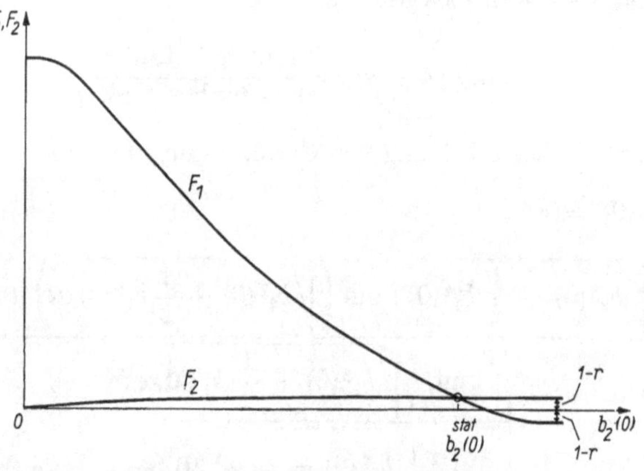

Abb. 8. Graphische Bestimmung der stationären Amplitude der Harmonischen. (Die Kurven F_1 und F_2 repräsentieren die linke bzw. rechte Seite von Gl. (5.8).)

schwindet für $b_2(0) = 0$ und ist für $b_2(0) > 0$ ständig positiv (für $b_2(0) \to \infty$ nähert sie sich dem Wert $1 - r > 0$), so daß die zugehörige Kurve $F_2\big(b_2(0)\big)$ notwendig die Kurve $F_1\big(b_2(0)\big)$ schneidet. Der dadurch definierte stationäre Wert $b_2(0)$ ist, wie man es nicht anders erwartet, um so größer, je höher die Resonatorgüte ist, d. h., je weniger das Reflexionsvermögen r der Spiegel vom Wert Eins abweicht. In der Tat wird mit wachsendem r die linke Seite von Gl. (5.8) vergrößert, die rechte Seite dagegen verkleinert, so daß sich der Schnittpunkt von F_1 und F_2 zu größeren Werten $b_2(0)$ hin verschiebt.

Wir wollen nun Gl. (5.8) für den Fall, daß bei einem einmaligen Durchgang durch den Kristall nur eine geringe Verstärkung der Harmonischen erfolgt, (näherungsweise) explizit lösen. Genauer formuliert setzen wir das Bestehen der Ungleichung

$$\sqrt{b_2^2(0) + \frac{1}{2}\, b_1^2(0)}\, \sigma l \ll 1 \tag{5.9}$$

voraus, um die Funktion $\tanh\left(\sqrt{b_2^2(0) + \frac{1}{2}\, b_1^2(0)}\, \sigma l\right)$ in Gl. (5.8) linearisieren zu können. Aus der letztgenannten Gleichung wird so nach einer einfachen Umformung

$$(r - 1)\, \sigma l\, b_2^2(0) + (r - 1)\, b_2(0) + \frac{1}{2}\, r\, \sigma l\, b_1^2(0) = 0, \tag{5.10}$$

woraus sich der stationäre Wert der Amplitude $b_2(0)$ zu

$$b_2^{\text{stat}}(0) = -\frac{1}{2\sigma l} \pm \sqrt{\frac{1}{(2\sigma l)^2} + \frac{1}{2}\, \frac{r}{1 - r}\, b_1^2(0)} \tag{5.11}$$

ergibt. Da nur positive Werte $b_2^{\text{stat}}(0)$ interessieren, kommt nur der positive Wert der Wurzel in Frage, so daß wir fortfahren können

$$b_2^{\text{stat}}(0) = \frac{1}{2\sigma l}\left[\sqrt{1 + \frac{2r}{1-r}\left(\sigma l\, b_1(0)\right)^2} - 1\right]. \quad (5.12)$$

Nun ist diese Lösung offenbar nur dann mit der obigen Voraussetzung (5.9) (die im besonderen die Beziehung $b_2(0)\,\sigma l \ll 1$ impliziert) verträglich, wenn die Wurzel in (5.12) einen nahe bei Eins liegenden Wert besitzt. Die Lösung (5.12) ist damit nur für solche Parameterwerte $\sigma, l, r, b_1(0)$ verwendbar, für welche

$$\frac{2r}{1-r}\left(\sigma l b_1(0)\right)^2 \ll 1 \quad (5.13)$$

gilt. (Speziell darf also die Resonatorgüte nicht extrem hoch sein!) Damit vereinfacht sich dann Gl. (5.12) zu

$$b_2^{\text{stat}}(0) = \frac{1}{2}\,\frac{r}{1-r}\,\sigma l\, b_1^2(0). \quad (5.14)$$

Für die Amplitude der Harmonischen an der Stelle $z = l$ erhalten wir so im stationären Fall unter Beachtung von Gl. (5.4)

$$b_2^{\text{stat}}(l) = \frac{1}{r}\, b_2^{\text{stat}}(0) = \frac{1}{2}\,\frac{\sigma l}{1-r}\, b_1^2(0). \quad (5.15)$$

Die Amplitude der durch den Spiegel S_2 ausgetretenen Harmonischen hat dann den Wert

$$b_2^{\text{stat}} = \frac{1}{2}\,\frac{\sigma l}{\sqrt{1-r}}\, b_1^2(0) \quad \text{(außerhalb des Resonators).} \quad (5.16)$$

Vergleichen wir dieses Resultat mit dem bei fehlendem Resonator sich ergebenden Wert (4.3), der in der Näherung (5.9) lautet

$$b_2(l) = \frac{\sigma l}{2}\, b_1^2(0) \quad \text{(ohne Resonator),} \quad (5.17)$$

so kommen wir zu folgender Feststellung: Der Resonator verursacht ein Anwachsen der Intensität der (durch den Spiegel S_2 hindurchgegangenen[1])) Harmonischen um den Faktor $(1 - r)^{-1}$, verhundertfacht also die Intensität bei einem Reflexionsvermögen der Spiegel S_1 und S_2 von $r = 99\%$. Damit ist die große Bedeutung des Resonators für eine möglichst effektive Umsetzung der Pumpenergie offensichtlich.

Zum Schluß wollen wir uns noch von der Stabilität der stationären Lösung (5.14) überzeugen. Wir nehmen an, daß die Amplitude $b_2(0)$ in irgendeinem Zeitpunkt (infolge einer Störung) von ihrem stationären Wert abweiche,

$$b_2(0) = b_2^{\text{stat}}(0) + \varepsilon, \tag{5.18}$$

und untersuchen die Änderung dieser Abweichung ε bei einem Umlauf durch den Resonator. Zur Berechnung der Amplitudenänderung (wir denken an die Amplitude in einer Ebene konstanter Phase) bei einem Durchlauf durch den Kristall verwenden wir wieder Gl. (5.1) (s. die Fußnote auf S. 31), die sich in der Näherung (5.9) — unter Verwendung der Formel (5.6) — in der Form

$$b_2(l) = \frac{\left(b_2^2(0) + \frac{1}{2}\, b_1^2(0)\right) \sigma l + b_2(0)}{1 + \sigma l\, b_2(0)} \tag{5.19}$$

schreibt. Beachten wir noch, daß das Passieren des Resonators (die Reflexion an den Spiegeln S_1, S_2 und S_3) einer Multiplikation der Amplitude mit dem Faktor r entspricht, so erhalten wir bei Beschränkung auf lineare Terme in ε für die Amplitude der Harmonischen nach einem Umlauf (ausgehend von der Amplitude (5.18))

---

[1]) Man beachte, daß auch durch den Spiegel S_1 eine Ausstrahlung erfolgt, die für $1 - r \ll 1$ nahezu genauso intensiv ist wie die durch S_2.

den Wert

$$b_2'(0) \equiv b_2^{\text{stat}}(0) + \varepsilon'$$

$$= \frac{r\sigma l\left[\left(b_2^{\text{stat}}(0)\right)^2 + \frac{1}{2}\, b_1^2(0) + 2\, b_2^{\text{stat}}(0)\,\varepsilon\right] + r\left(b_2^{\text{stat}}(0) + \varepsilon\right)}{1 + \sigma l\left(b_2^{\text{stat}}(0) + \varepsilon\right)}$$

$$= \frac{r\sigma l\left[\left(b_2^{\text{stat}}(0)\right)^2 + \frac{1}{2}\, b_1^2(0)\right] + r b_2^{\text{stat}}(0) + \varepsilon r\left(2 b_2^{\text{stat}}(0)\sigma l + 1\right)}{\left(1 + \sigma l\, b_2^{\text{stat}}(0)\right)\left(1 + \frac{\sigma l}{1 + \sigma l\, b_2^{\text{stat}}(0)}\,\varepsilon\right)}. \tag{5.20}$$

Hieraus folgt unter Berücksichtigung der für die stationäre Lösung $b_2^{\text{stat}}(0)$ auf Grund von Gl. (5.19) geltenden Beziehung

$$b_2^{\text{stat}}(0) = r b_2^{\text{stat}}(l) = \frac{r\sigma l\left[\left(b_2^{\text{stat}}(0)\right)^2 + \frac{1}{2}\, b_1^2(0)\right] + r b_2^{\text{stat}}(0)}{1 + \sigma l\, b_2^{\text{stat}}(0)} \tag{5.21}$$

die Relation

$$\varepsilon' = \frac{(2r - 1)\sigma l\, b_2^{\text{stat}}(0) + r}{1 + \sigma l\, b_2^{\text{stat}}(0)}\,\varepsilon. \tag{5.22}$$

Für die relative Änderung der Abweichung ε der Amplitude von ihrem stationären Wert bei einem Umlauf ergibt sich so ein negativer Wert, nämlich

$$\frac{\Delta\varepsilon}{\varepsilon} \equiv \frac{\varepsilon' - \varepsilon}{\varepsilon} = -(1 - r)\,\frac{1 + 2\sigma l\, b_2^{\text{stat}}(0)}{1 + \sigma l\, b_2^{\text{stat}}(0)} \tag{5.23}$$

oder, unter Berücksichtigung der Voraussetzung (5.9),

$$\frac{\Delta\varepsilon}{\varepsilon} \approx -\,(1 - r). \tag{5.24}$$

Es findet also eine Dämpfung von ε statt, und damit ist die Lösung (5.14) tatsächlich stabil. Gl. (5.24) lehrt weiterhin, daß die Stabilisierung mit zunehmender Resonatorgüte immer schlechter wird. (Im Grenzfall $r = 1$ gibt es keine stationäre Lösung — die Intensität der Harmonischen wächst unbegrenzt an — und demzufolge auch keine Stabilisierung.)

Beachten wir, daß ein Umlauf durch den Resonator die Zeit

$$\Delta t = \frac{L}{c} \tag{5.25}$$

dauert mit L als effektiver „Länge" des Resonators (i. e. Länge des Lichtwegs bei einem Umlauf, wobei das dem Durchgang durch den Kristall entsprechende Wegstück mit dem Brechungsindex des Mediums zu multiplizieren ist), so können wir Gl. (5.24) auf eine *zeitliche* Änderung von ε umschreiben gemäß

$$\dot{\varepsilon} = -(1 - r)\frac{c}{L}\,\varepsilon\,. \tag{5.26}$$

Bei gut reflektierenden Resonatorspiegeln findet somit ein langsameres Einschwingen in den Gleichgewichtszustand statt als bei einem Resonator geringer Güte.

7. Der parametrische Oszillator

7.1. Bewegungsgleichungen

Im Gegensatz zu der eben durchgeführten Behandlung der Harmonischenerzeugung wollen wir nun annehmen, daß sowohl die Pump- als auch die Signal- und die Idler-Welle resonant sind, also — denken wir wieder an eine ringförmige Spiegelanordnung gemäß Abb. 7 — jeweils in einem Resonator umlaufen, der auf die betreffende Frequenz abgestimmt ist.[1]) Der Effekt der Resonatoren besteht dann zunächst darin, daß die räumliche Abhängigkeit der Amplituden der Wellen — bedingt durch die häufig stattfindenden Reflexionen —, relativ gesehen, sehr schwach ist und daher in guter Näherung vernachlässigt werden kann.

Die in Abschn. 4.3 für den Fall kollinearer Wechselwirkung hergeleiteten Bewegungsgleichungen (3.8) bis (3.10), Kapitel 4, vereinfachen sich so, wenn wir die Phasenanpassungsbedingung

$$k_3 = k_1 + k_2 \tag{1.1}$$

als erfüllt voraussetzen, zu

$$\dot{A}_1 = \frac{i c^2 K \omega_1}{\mathbf{e}^{(1)} \varepsilon(\omega_1) \mathbf{e}^{(1)}} A_2^* A_3, \tag{1.2}$$

$$\dot{A}_2 = \frac{i c^2 K \omega_2}{\mathbf{e}^{(2)} \varepsilon(\omega_2) \mathbf{e}^{(2)}} A_3 A_1^*, \tag{1.3}$$

$$\dot{A}_3 = \frac{i c^2 K \omega_3}{\mathbf{e}^{(3)} \varepsilon(\omega_3) \mathbf{e}^{(3)}} A_1 A_2. \tag{1.4}$$

Die Indizes 1, 2, 3 beziehen sich dabei in dieser Reihenfolge auf die Signal-, Idler- und Pumpwelle, und K bedeutet die durch Gl. (3.7), Kapitel 4, definierte Kopplungskonstante.

Es empfiehlt sich nun, die Normierung der Amplituden der Wellen abzuändern gemäß

$$A_j = \sqrt{\frac{2\pi \hbar \omega_j}{V \mathbf{e}^{(j)} \varepsilon(\omega_j) \mathbf{e}^{(j)}}}\, q_j \quad (j = 1, 2, 3), \tag{1.5}$$

[1]) In praxi wird man versuchen, mit einem einzigen Resonator für alle drei Wellen (oder wenigstens für zwei Wellen) auszukommen. Dabei macht sich allerdings der Umstand nachteilig bemerkbar, daß die – durch die Phasenanpassungsbedingung ausgewählten – Frequenzen von Signal- und Idler-Welle normalerweise nicht simultan mit Eigenfrequenzen des Resonators

wobei V das Kristallvolumen bezeichne.[1]) Die Amplituden A_j korrespondieren dann den quantenmechanischen Photonenvernichtungsoperatoren, denn die Größe $|q_j|^2$ hat die Bedeutung der Photonenzahl (bezogen auf das Volumen V). In der Tat ist ja nach Gl. (2.16), Kapitel 4, die im Volumen V gespeicherte elektromagnetische Energie einer (in der Richtung $\boldsymbol{e}^{(j)}$ polarisierten) laufenden ebenen Welle der Frequenz ω_j — in der Näherung schwacher Dispersion — gegeben durch

$$U_j = \frac{V}{2\pi} \boldsymbol{e}^{(j)} \varepsilon(\omega_j) \boldsymbol{e}^{(j)} |A_j|^2 ; \tag{1.6}$$

die Zahl der Photonen im Volumen V hat somit den Wert

$$n_j = \frac{V}{2\pi} \frac{\boldsymbol{e}^{(j)} \varepsilon(\omega_j) \boldsymbol{e}^{(j)}}{\hbar \omega_j} |A_j|^2 = |q_j|^2 . \tag{1.7}$$

Auf die Amplituden q_j umgeschrieben lautet dann das Gleichungssystem (1.2)—(1.4), wie man leicht nachrechnet,

$$\dot{q}_1 = i\beta q_2^* q_3 , \tag{1.8}$$

$$\dot{q}_2 = i\beta q_3 q_1^* , \tag{1.9}$$

$$\dot{q}_3 = i\beta q_1 q_2 \tag{1.10}$$

mit

$$\beta = c^2 K \sqrt{\frac{2\pi\hbar\, \omega_1 \omega_2 \omega_3}{V\left(\boldsymbol{e}^{(1)} \varepsilon(\omega_1) \boldsymbol{e}^{(1)}\right) \left(\boldsymbol{e}^{(2)} \varepsilon(\omega_2) \boldsymbol{e}^{(2)}\right) \left(\boldsymbol{e}^{(3)} \varepsilon(\omega_3) \boldsymbol{e}^{(3)}\right)}} \tag{1.11}$$

als neuer effektiver Kopplungskonstante.

---

zusammenfallen, so daß an Stelle einer einzelnen Eigenschwingung ganze Gruppen (cluster) von Eigenschwingungen angeregt werden und bei Durchstimmung (etwa durch kontinuierliches Drehen des Kristalls) sprunghafte Frequenzänderungen auftreten (s. [23]).

[1]) Im Experiment wird es meist so sein, daß die (fokussierte) Pumpwelle wegen ihrer kleinen Querdimension nur einen Teil des Kristalls durchsetzt (und nur dort werden sich demzufolge auch die Signal- und die Idler-Welle ausbilden); unter V ist dann das Volumen des durchstrahlten Kristallbereichs zu verstehen.

Um nicht zwischen der Zahl der Photonen unterscheiden zu müssen, die sich einerseits im Kristall und andererseits im gesamten Resonator befinden, setzen wir im folgenden voraus, daß die Lichtwege innerhalb des Resonators praktisch vollständig im nichtlinearen Medium verlaufen, was sich im Fall eines Ringresonators durch Verwendung dreier Kristalle erreichen läßt.

Gln. (1.8)—(1.10) beschreiben lediglich die — durch den nichtlinearen Kristall verursachte — Wechselwirkung zwischen den drei Wellen. Zusätzlich treten jedoch Resonatorverluste auf (die hauptsächlich durch die endliche Durchlässigkeit der Spiegel bedingt sind), und weiterhin wird die der Pumpwelle entsprechende Eigenschwingung durch Einstrahlung von außen angeregt. Wir berücksichtigen diese beiden Effekte dadurch, daß wir in den genannten Gleichungen auf der rechten Seite jeweils Dämpfungsterme der Form $-\frac{1}{2}\varkappa_j q_j$ $(j = 1, 2, 3)$ hinzufügen und überdies die rechte Seite von Gl. (1.10) durch eine (konstante) „treibende Kraft" F ergänzen.[1]) Aus Gln. (1.8)—(1.10) wird so

$$\dot{q}_1 = -\frac{\varkappa_1}{2} q_1 + i\beta\, q_2^* q_3, \tag{1.12}$$

$$\dot{q}_2 = -\frac{\varkappa_2}{2} q_2 + i\beta\, q_3 q_1^*, \tag{1.13}$$

$$\dot{q}_3 = -\frac{\varkappa_3}{2} q_3 + i\beta\, q_1 q_2 + F. \tag{1.14}$$

(Siehe hierzu auch [28, 10], wo außerdem die Fluktuationseigenschaften der erzeugten Strahlung untersucht werden.)

Die physikalische Bedeutung der Größen $\varkappa_j$ und F wird klar, wenn wir uns die Kopplung zwischen den Wellen

[1]) Die Größe F bezeichnet, genau gesprochen, die (komplexe) Amplitude der treibenden Kraft, die selbst mit der Frequenz der Pumpwelle oszilliert.

abgeschaltet denken. Es gilt dann offenbar (wenn wir im Fall der Pumpwelle auch von der treibenden Kraft absehen)

$$\frac{\mathrm{d}\,|q_j(t)|^2}{\mathrm{d}t} = -\varkappa_j\,|q_j(t)|^2 \qquad (j = 1, 2, 3) \tag{1.15}$$

oder

$$|q_j(t)|^2 = e^{-\varkappa_j t}\,|q_j(0)|^2 \qquad (j = 1, 2, 3). \tag{1.16}$$

Die Größe $\varkappa_j$ gibt also den relativen Verlust an, den die im Resonator gespeicherte Energie der Eigenschwingung j auf Grund der endlichen Durchlässigkeit der Resonatorspiegel (und eventuell auch zusätzlich infolge von Absorption oder Streuung des Lichtes im Kristall selbst) pro Zeiteinheit erfährt. Der reziproke Wert von $\varkappa_j$ bedeutet die Zeit, in der eine anfängliche Intensität auf den e-ten Teil abgeklungen ist (falls keine anderweitige Energiezuführung erfolgt). Quantenmechanisch gesprochen ist $\varkappa_j^{-1}$ als mittlere Aufenthaltsdauer eines Photons im Resonator anzusehen.

Im Fall der Pumpwelle wird sich auch bei fehlender Wechselwirkung mit der Signal- und der Idler-Welle im Zusammenspiel von äußerer Einstrahlung und Verlustmechanismus eine stationäre Amplitude ausbilden, deren Wert nach Gl. (1.14) lautet

$$q_3 = \frac{2F}{\varkappa_3}. \tag{1.17}$$

Nach der obigen Definition der Verlustkonstante verlassen also in der Zeiteinheit

$$|q_3|^2\,\varkappa_3 = \frac{4\,|F|^2}{\varkappa_3} \tag{1.18}$$

Photonen den Resonator, und im stationären Fall müssen genauso viele Photonen in den Resonator eintreten. Wir werden im folgenden Abschnitt zeigen, daß bei einem geeigneten (auf die Frequenz und Richtung der eingestrahlten Welle abgestimmten) Resonator keine Reflexion am Eintrittsspiegel erfolgt, also alle ankommenden Photonen tatsächlich in den Resonator gelangen. Wir können so die Größe (1.18) mit dem einfallenden Photonenfluß identifizieren, der sich somit in der Form

$$P = \frac{4\,|F|^2}{\varkappa_3} \tag{1.19}$$

durch die treibende Kraft F ausdrückt.

Gl. (1.17) lehrt weiterhin, daß die Phase von F mit der von q_3 übereinstimmt, d. h., sie ist identisch mit der Phase der einfallenden Welle (nach deren Eintritt in den Resonator).

7.2. Durchstrahlung eines Resonators

Wir denken uns eine laufende ebene Welle in einen Ringresonator eingestrahlt. Auf den ersten Blick erscheint es — bei gut reflektierenden Resonatorspiegeln — gar nicht möglich zu sein, einen beträchtlichen Bruchteil der einfallenden Energie in den Resonator einzubringen, da doch der größte Teil der Welle an dem Eintrittsspiegel reflektiert wird. Dieser Schluß ist jedoch voreilig, da man beachten muß, daß das reflektierte Licht neben dem direkt reflektierten Anteil auch solche Teilwellen enthält, die schon ein- bzw. mehrmals durch den Resonator gelaufen sind, und das Ergebnis dieser Superposition sehr wesentlich von der relativen Phasenbeziehung zwischen den einzelnen Partialwellen abhängt. Wir wollen dies am Beispiel eines Ringresonators, dessen Spiegel aus einer dielektrischen Schicht bestehen, näher erläutern.

Wir untersuchen zunächst die Wirkungsweise einer dielektrischen Schicht (s. Abb. 9). (Wir folgen dabei [57]). Sei A die Amplitude der einfallenden Welle und ϱ das

Reflexionsvermögen des Dielektrikums (an der Grenzfläche Dielektrikum—Luft), so lautet die Amplitude der direkt reflektierten Welle

$$B_0 = -\sqrt{\varrho} A, \tag{2.1}$$

wobei das Minuszeichen den bei Reflexion am dichteren Medium auftretenden Phasensprung um π zum Ausdruck

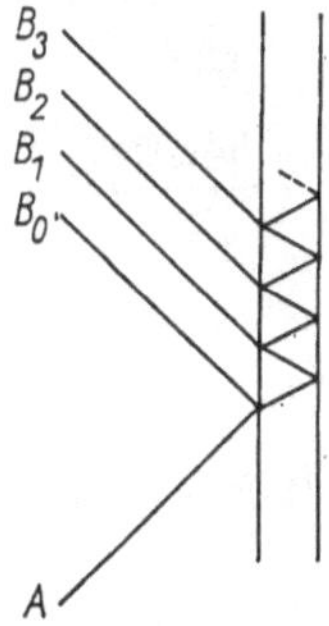

Abb. 9. Reflexion an einer dielektrischen Schicht.

bringt. Die Amplitude der in das Dielektrikum eintretenden Welle wird zunächst um den Faktor $\sqrt{1-\varrho}$ geschwächt, sie multipliziert sich weiterhin bei der Reflexion an der hinteren Grenzfläche des Dielektrikums mit $\sqrt{\varrho}$ (diesmal ohne Vorzeichenwechsel!) sowie beim Durchtritt durch die vordere Grenzfläche mit $\sqrt{1-\varrho}$. Hinzu kommt schließlich noch ein Phasenfaktor $\exp\{i\Psi_1\}$, der den beim zweimaligen Passieren der Schicht auftretenden Gangunterschied berücksichtigt. Wir erhalten so insgesamt für die Amplitude der einmal im Dielektrikum hin- und hergelaufenen und dann wieder nach vorn ausgetretenen Welle den Wert

$$B_1 = (1-\varrho)\sqrt{\varrho}\, e^{i\psi_1} A. \tag{2.2}$$

Entsprechend ergibt sich für die reflektierte Partialwelle, die das Dielektrikum zweimal in Vorwärts- und Rückwärtsrichtung passiert hat (s. Abb. 9), die Amplitude

$$B_2 = \sqrt{1-\varrho}\,\sqrt{\varrho}\,e^{i\psi_1}\sqrt{\varrho}\,\sqrt{\varrho}\,\sqrt{1-\varrho}\,e^{i\psi_1}A = \varrho\,e^{i\psi_1}B_1 \tag{2.3}$$

usf., so daß die Amplitude der gesamten reflektierten Welle gegeben ist durch

$$\begin{aligned} B &= -\sqrt{\varrho}A + (1-\varrho)\sqrt{\varrho}\,A e^{i\psi_1}(1+\varrho e^{i\psi_1}+\varrho^2 e^{2i\psi_1}+\cdots) \\ &= -A\sqrt{\varrho}\left(1-\frac{(1-\varrho)e^{i\psi_1}}{1-\varrho e^{i\psi_1}}\right) \\ &= -A\sqrt{\varrho}\,\frac{1-e^{i\psi_1}}{1-\varrho e^{i\psi_1}}. \end{aligned} \tag{2.4}$$

Daraus folgt für das Reflexionsvermögen der Schicht der Wert

$$\begin{aligned} r \equiv \left|\frac{B}{A}\right|^2 &= \varrho\,\frac{|1-e^{i\psi_1}|^2}{|1-\varrho e^{i\psi_1}|^2} = 2\varrho\,\frac{1-\cos\Psi_1}{1+\varrho^2-2\varrho\cos\Psi_1} \\ &= 1-\frac{(1-\varrho)^2}{1+\varrho^2-2\varrho\cos\Psi_1}. \end{aligned} \tag{2.5}$$

Aus dem letzten Ausdruck ist ersichtlich, daß das maximale Reflexionsvermögen für $\cos\Psi_1 = -1$, also

$$e^{i\psi_1} = -1 \tag{2.6}$$

auftritt. In diesem Fall gilt

$$r = 1-\frac{(1-\varrho)^2}{(1+\varrho)^2} = \frac{4\varrho}{(1+\varrho)^2}. \tag{2.7}$$

Wir betrachten nun einen Ringresonator, bestehend aus einem hundertprozentig reflektierenden Spiegel S_3

sowie zwei Spiegeln S_1 und S_2 in Form dielektrischer Schichten, die gemäß Gl. (2.6) auf die Frequenz (und Richtung) der eingestrahlten Welle abgestimmt seien (s. Abb. 10). Von außen falle eine monochromatische

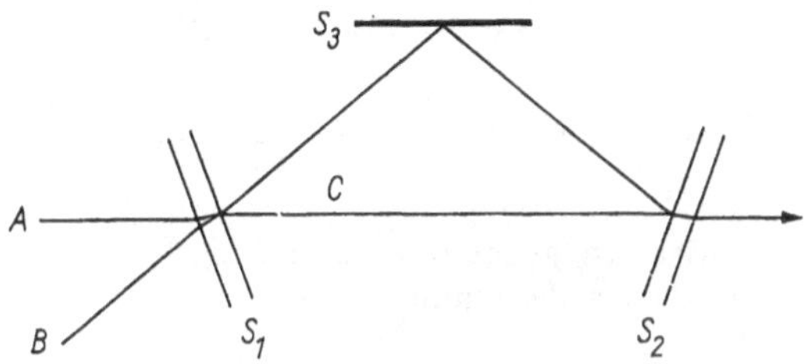

Abb. 10. Durchstrahlung eines Ringresonators.

laufende ebene Welle mit der Amplitude A auf S_1, und wir berechnen nach der gleichen Methode wie eben die Amplitude der an S_1 reflektierten Gesamtwelle. Im einzelnen ergeben sich für die Amplituden B_k der reflektierten Partialwellen (der Index $k = 0, 1, 2, \ldots$ gibt die Zahl der Umläufe der betreffenden Welle im Resonator an) die Werte

$$B_0 = -A\sqrt{r}, \tag{2.8}$$

$$\begin{aligned} B_1 &= A\sqrt{1-r}\, e^{i\frac{\psi_1}{2}} \left(-\sqrt{r}\right) e^{i\psi_2} e^{i\frac{\psi_1}{2}} \sqrt{1-r} \\ &= -A\sqrt{r}\,(1-r)\, e^{i(\psi_1+\psi_2)}, \end{aligned} \tag{2.9}$$

$$B_2 = B_1 r e^{i\psi_2} \tag{2.10}$$

usf. Dabei wurde beachtet, daß beim Durchtritt des Lichtes durch S_1 neben der Schwächung der Amplitude, ausgedrückt durch den Faktor $\sqrt{1-r}$, eine Phasenverschiebung um $\Psi_1/2$ stattfindet. Die Größe Ψ_2 kennzeichnet den bei einem Umlauf im Resonator auftretenden Gangunterschied (wobei die Reflexion jeweils an der Innenseite der dielektrischen Schichten erfolgt).

Für die Amplitude der insgesamt reflektierten Welle kann somit geschrieben werden

$$\begin{aligned} B &= -A\sqrt{r}\,[1 + (1-r)e^{i(\psi_1+\psi_2)} \\ &\quad \times (1 + re^{i\psi_2} + r^2 e^{2i\psi_2} + \ldots)] \\ &= -A\sqrt{r}\left[1 + e^{i(\psi_1+\psi_2)}\frac{1-r}{1-r\,e^{i\psi_2}}\right]. \end{aligned} \tag{2.11}$$

Setzen wir nun genaue Abstimmung des Resonators voraus gemäß der Beziehung

$$e^{i\psi_2} = 1\,, \tag{2.12}$$

so erhalten wir aus Gl. (2.11) unter Beachtung von Gl. (2.6) das Resultat

$$\frac{B}{A} = 0\,, \tag{2.13}$$

das verschwindende Reflexion und damit ein vollständiges Eindringen der einfallenden Welle in den Resonator bedeutet, wie es für eine möglichst gute Ausnutzung der zur Verfügung stehenden Pumpenergie wünschenswert ist.

In analoger Weise berechnet sich die Amplitude im Innern des Resonators — abgesehen von einem belanglosen Phasenfaktor — zu

$$\begin{aligned} C &= A\sqrt{1-r}\,(1 + re^{i\psi_2} + r^2 e^{2i\psi_2} + \ldots) \\ &= A\,\frac{\sqrt{1-r}}{1-re^{i\psi_2}}. \end{aligned} \tag{2.14}$$

Unter Berücksichtigung von Gl. (2.12) finden wir so die Relation

$$\frac{C}{A} = \frac{1}{\sqrt{1-r}}\,, \tag{2.15}$$

die den gesuchten Zusammenhang zwischen der Amplitude im Innern des Resonators und der Amplitude der einfallenden Welle angibt. Offenbar bewirkt der Resonator eine Amplitudenvergrößerung, die um so ausgeprägter ist, je besser die Resonatorspiegel reflektieren. Diese sogenannte Resonanzüberhöhung läßt sich anschaulich leicht interpretieren. Wie oben gezeigt, tritt einerseits die gesamte Energie der einfallenden Welle in den Resonator ein, andererseits dringt aber nur der Bruchteil $1 - r$ der Energie der auf den Spiegel S_2 fallenden Welle nach außen — im Photonen-Bild gesprochen, nur der $(1 - r)$-te Teil der auf S_2 zulaufenden Photonen verläßt den Resonator. Das führt dazu, daß sich die Photonen im Resonator so lange „ansammeln“, bis die Photonendichte (die ihrerseits proportional zur Intensität ist) innerhalb des Resonators gerade $(1 - r)^{-1}$ mal so groß ist wie außerhalb, denn dann ist der Photonenstrom durch die Spiegel S_1 und S_2 gleich groß, wie es im stationären Fall ja sein muß.

Der Resonator für die Pumpwelle erhöht also deren Intensität, was — wie wir in Abschn. 7.3 im einzelnen sehen werden — zu einer Erniedrigung des Schwellenwertes der (äußeren) Pumpleistung für die parametrische Oszillation Anlaß gibt. Der von uns betrachtete Aufbau eines optischen parametrischen Oszillators empfiehlt sich somit besonders für den Fall, daß die Intensität der Pumpwelle — bei einfacher Durchstrahlung des Kristalls — nicht ausreicht, um einen stationären Betrieb zu ermöglichen. Bei merklicher Schwellenüberhöhung weist die in Rede stehende Anordnung allerdings einen deutlichen Nachteil auf: Es findet dann ja eine beträchtliche Umsetzung der Pumpenergie statt, was für die Pumpwelle eine effektive Dämpfung bedeutet. Damit wird aber, wie wir gleich zeigen werden, ein (mit wachsender Dämpfung immer größer werdender) Bruchteil der einfallenden Pumpenergie am Spiegel S_1 reflektiert, der somit für den nichtlinearen Prozeß verlorengeht. Demzufolge liegt der grundsätzlich erzielbare Maximalwert des Wirkungsgrades (bezogen auf die einfallende Pumpenergie) beträchtlich unter dem im Fall einer durchlaufenden (nichtresonanten) Pumpwelle erreichbaren Wert. (Nähere Angaben finden sich z. B. in [11].)

Wir wollen nun den geschilderten Einfluß einer Dämpfung (im Innern des Resonators) auf die Reflexion an S_1 kurz quantitativ diskutieren. Wir beschreiben den Dämpfungsvorgang formal durch einen Imaginärteil von Ψ_2, ersetzen also Gl. (2.12) durch

$$e^{i\psi_2} = e^{-\delta}. \tag{2.16}$$

An Stelle von Gl. (2.13) tritt dann, wie man aus Gl. (2.11) folgert, die Relation

$$\frac{B}{A} = -\sqrt{r}\,\frac{1 - e^{-\delta}}{1 - re^{-\delta}} \tag{2.17}$$

oder, in der Näherung $\delta \ll 1$,

$$\frac{B}{A} = -\sqrt{r}\,\frac{\delta}{1 - r + r\delta}. \tag{2.18}$$

Wie man durch Differenzieren von Gl. (2.17) leicht nachprüft, wächst das Verhältnis $|B/A|^2$ mit zunehmendem δ monoton an, die einfallende Welle wird also am Spiegel S_1 immer stärker reflektiert. Im Limes $\delta \to \infty$ wird $B/A = -\sqrt{r}$, wie es sein muß, da dann eine Welle während eines Umlaufs im Resonator vollständig abklingt, so daß es zu keiner Superposition von reflektierten Partialwellen mehr kommt.

Nachdem wir uns so über die grundsätzliche Wirkungsweise des Resonators für die Pumpwelle klar geworden sind, wollen wir uns der Lösung des Gleichungssystems (1.12)—(1.14) zuwenden.

7.3. Der stationäre Betrieb

Wir bestimmen zunächst die stationäre Lösung des Gleichungssystems (1.12)–(1.14), setzen dort also die linke Seite jeweils gleich Null. Schreiben wir die erste und das konjugiert Komplexe der zweiten der so entstehenden Gleichungen auf, so erhalten wir das folgende homogene Gleichungssystem für q_1 und q_2^*

$$-\frac{\varkappa_1}{2} q_1 + i\beta\, q_3 q_2^* = 0, \tag{3.1}$$

$$-i\beta\, q_3^* q_1 - \frac{\varkappa_2}{2} q_2^* = 0, \tag{3.2}$$

das bekanntlich nur dann eine nichttriviale Lösung besitzt, wenn die Koeffizientendeterminante verschwindet. Es muß also gelten

$$\frac{\varkappa_1 \varkappa_2}{4} - \beta^2 |q_3|^2 = 0, \tag{3.3}$$

woraus sich die Relation

$$|q_3|^2 = \frac{\varkappa_1 \varkappa_2}{4\beta^2} \tag{3.4}$$

ergibt.

In der aus Gl. (1.14) folgenden Beziehung

$$i\beta\, q_1 q_2 - \frac{\varkappa_3}{2} q_3 + F = 0 \tag{3.5}$$

tritt das gemischte Produkt $i\beta q_1 q_2$ auf, für das wir unter Verwendung von Gl. (3.1) auch schreiben können

$$i\beta\, q_1 q_2 = -\frac{2\beta^2}{\varkappa_1} |q_2|^2 q_3. \tag{3.6}$$

Setzen wir diesen Ausdruck in Gl. (3.5) ein, so entsteht die Relation

$$\beta^2 \, |q_2|^2 \, q_3 = \frac{\varkappa_1}{2} \left(F - \frac{\varkappa_3}{2} \, q_3 \right), \tag{3.7}$$

aus der wir zunächst folgern, daß q_3 und F (wie im Fall fehlender Kopplung zwischen den Wellen) in der Phase übereinstimmen. (Die beiden Größen unterscheiden sich, wie man durch Umformung von Gl. (3.7) erkennt, durch einen positiven Proportionalitätsfaktor.) Damit können wir in Gl. (3.7) q_3 und F durch die entsprechenden Beträge ersetzen und erhalten so für die mittlere Photonenzahl der Idler-Welle den Wert

$$|q_2|^2 = \frac{\varkappa_1}{2\beta^2} \left(\frac{|F|}{|q_3|} - \frac{\varkappa_3}{2} \right) \tag{3.8}$$

oder, wenn wir von Gl. (3.4) Gebrauch machen,

$$|q_2|^2 = \frac{\varkappa_1 \varkappa_3}{4\beta^2} \left(\frac{4 \, |F| \, \beta}{\sqrt{\varkappa_1 \varkappa_2 \varkappa_3}} - 1 \right). \tag{3.9}$$

In analoger Weise bestimmt sich, wenn man zur Berechnung von $i\beta \, q_1 q_2$ von Gl. (3.2) statt von Gl. (3.1) ausgeht, die Photonenzahl $|q_1|^2$ der Signalwelle zu

$$|q_1|^2 = \frac{\varkappa_2 \varkappa_3}{4\beta^2} \left(\frac{4 \, |F| \, \beta}{\sqrt{\varkappa_1 \varkappa_2 \varkappa_3}} - 1 \right). \tag{3.10}$$

Wir wollen nun die gefundenen Resultate diskutieren. Gl. (3.4) zunächst besagt, daß die im stationären Betrieb sich einstellende Photonenzahl der Pumpwelle von der Pumpleistung nicht abhängt. Dies erscheint auf den ersten Blick verblüffend, da man an ein Anwachsen der Intensität der Pumpwelle im Resonator mit zunehmender Pumpleistung denken wird. Man muß jedoch beachten, daß die Pumpwelle durch den eigentlichen parametrischen Prozeß gedämpft wird. (Diese Dämpfung wiederum gibt, wie in Abschn. 7.2 ausgeführt wurde, Anlaß zu einer

Reflexion der Pumpwelle am Eintrittsspiegel, wodurch $|q_3|^2$ noch weiter vermindert wird.) Gl. (3.4) führt so zu dem Schluß, daß mit wachsender Pumpleistung eine immer stärkere parametrische Umsetzung von Pumpenergie erfolgt. (Die Verhältnisse sind hier ganz ähnlich wie beim Laser, wo die Inversion der Atome — die eine analoge Rolle wie die Intensität der Pumpwelle im nichtlinearen Kristall beim parametrischen Oszillator spielt — im stationären Betrieb ebenfalls einen von der Stärke des von außen erfolgenden Pumpens unabhängigen Wert annimmt; s. z. B. [46].)

Die Gln. (3.10) und (3.9) für die Photonenzahl der Signal- bzw. Idler-Welle lassen den Schwellencharakter des Prozesses erkennen. Da $|q_1|^2$ und $|q_2|^2$ nicht negativ sein können, muß die Ungleichung

$$\frac{4\,|F|\,\beta}{\sqrt{\varkappa_1\varkappa_2}\,\varkappa_3} \geqq 1 \tag{3.11}$$

gelten, die — bei vorgegebenen Parametern β und $\varkappa_j$ ($j = 1, 2, 3$) — die für den stationären Betrieb erforderliche Mindestpumpleistung festlegt. Für den Photonenstrom der Pumpstrahlung ergibt sich so aus (3.11) unter Beachtung von Gl. (1.19) der Schwellenwert[1])

$$P_S = \frac{\varkappa_1\varkappa_2\varkappa_3}{4\beta^2}. \tag{3.12}$$

---

[1]) Daß beim parametrischen Prozeß — im Gegensatz zur Harmonischenerzeugung — eine Schwelle auftritt, hängt offenbar mit dem in beiden Fällen verschiedenen Anlaufvorgang zusammen. Während bei der Harmonischenbildung die Pumpwelle, wie in Abschn. 6.2 erläutert, im nichtlinearen Medium von sich aus eine mit der doppelten Frequenz oszillierende Polarisation induziert, die als makroskopische Quelle für die Harmonische wirksam wird, müssen sich beim optischen parametrischen Oszillator die entsprechenden, mit der Signal- bzw. Idler-Frequenz schwingenden Polarisationsanteile im Zusammenspiel von Pumpwelle und spontan erzeugten Idler- bzw. Signal-Photonen erst allmählich, vom Anfangswert Null ausgehend, ausbilden (s. Abschn. 5.1), und diese Quellen für Signal- und Idler-Welle wachsen tatsächlich nur dann zu makroskopischen Dimensionen an, wenn die Pumpleistung einen Mindestwert, eben die Schwelle, überschreitet.

Die Schwelle für die parametrische Oszillation liegt also verständlicherweise um so tiefer, je geringer die Resonatorverluste für die drei Wellen sind. Die Resonatoren geben ja Anlaß zu einer — mit abnehmenden Resonatorverlusten immer stärker in Erscheinung tretenden — Erhöhung der Intensität der drei Wellen, so daß die parametrische Wechselwirkung zwischen ihnen intensiver wird. Im Fall von Signal- und Idler-Welle hindern die entsprechenden Resonatoren die erzeugten Photonen einfach am „Weglaufen"; bei der Pumpwelle kommt der im Anschluß an Gl. (2.15) diskutierte Effekt der Resonanzüberhöhung ins Spiel, der darin besteht, daß sich im Resonanzfall innerhalb des Resonators eine wesentlich größere Amplitude als die der einfallenden Welle ausbildet.

Die Verwendung eines Resonators für die Pumpwelle (zusätzlich zu den Resonatoren für Signal- und Idler-Welle) erlaubt somit — jedenfalls bei relativ kleinen Pumpleistungen — eine effektivere Ausnutzung der Pumpwelle im Vergleich zu einer Anordnung, bei der die Pumpwelle einfach durch den Kristall hindurchgestrahlt wird, und man kann auf diese Weise unter Umständen einen stationären Betrieb verwirklichen, wo dies bei durchlaufender Pumpwelle nicht möglich ist.

Um die Abhängigkeit des Schwellenwertes (3.12) von den geometrischen Parametern wie Kristallänge und Querschnitt der einfallenden Pumpwelle zu untersuchen, drücken wir die Verlustkonstanten $\varkappa_j$ durch das Reflexionsvermögen r der Resonatorspiegel aus. (Wir vernachlässigen also wieder Absorptions- und Streuverluste.) Da die Spiegel S_1 und S_2 (s. Abb. 10) jeweils den Bruchteil r der einfallenden Energie reflektieren, geht bei einem Umlauf der Welle im Resonator der Energiebetrag

$$\Delta U = 2(1 - r)\,U \qquad (3.13)$$

verloren, wobei U die insgesamt im Resonator befindliche elektromagnetische Energie der Welle bezeichnet.

Nun wird für einen solchen Umlauf die Zeit

$$\Delta t = \frac{nl}{c} \tag{3.14}$$

benötigt mit n als Brechungsindex für die betreffende Frequenz und l als Gesamtlänge des Kristalls, genauer gesagt als Summe der Längen der drei Einzelkristalle, die voraussetzungsgemäß den ganzen Resonator (soweit er durchstrahlt wird) erfüllen. Damit ergibt sich aus Gl. (3.13) die Energieänderung pro Zeiteinheit zu

$$\frac{\mathrm{d}U}{\mathrm{d}t} = -\frac{2(1-r)c}{nl}\,U\,, \tag{3.15}$$

woraus durch Vergleich mit Gl. (1.15) für die Verlustkonstante $\varkappa$ die Darstellung

$$\varkappa = \frac{2(1-r)c}{nl} \tag{3.16}$$

folgt.

Im Fall der Pumpwelle müssen wir allerdings beachten, daß — jedenfalls bei abgeschalteter parametrischer Wechselwirkung und daher auch in Schwellennähe — am Spiegel S_1 keine Energie austritt und damit der Faktor 2 in Gl. (3.16) entfällt.

Setzen wir in Gl. (3.12) die gefundenen Werte für die Verlustkonstanten sowie den Ausdruck (1.11) für β ein, so entsteht unter Verwendung der Abkürzung

$$\alpha \equiv \frac{\left(\boldsymbol{e}^{(1)}\,\varepsilon(\omega_1)\,\boldsymbol{e}^{(1)}\right)\left(\boldsymbol{e}^{(2)}\,\varepsilon(\omega_2)\,\boldsymbol{e}^{(2)}\right)\left(\boldsymbol{e}^{(3)}\,\varepsilon(\omega_3)\,\boldsymbol{e}^{(3)}\right)}{2\pi\hbar c\,\omega_1\omega_2\omega_3\,n(\omega_1)\,n(\omega_2)\,n(\omega_3)} \tag{3.17}$$

die Relation

$$P_S = \alpha\,\frac{(1-r_1)(1-r_2)(1-r_3)\,V}{K^2 l^3}\,. \tag{3.18}$$

Hier bezeichnet K die durch Gl. (3.7), Kapitel 4, definierte Kopplungskonstante — von einem universellen

Normierungsfaktor abgesehen also die nichtlineare Suszeptibilität des Kristalls — und V das von der Pumpwelle durchstrahlte Kristallvolumen, das wir schreiben können als

$$V = Fl \tag{3.19}$$

mit F als Querschnittsfläche des Pumpstrahls. Gl. (3.18) läßt sich damit umformen in

$$\frac{P_S}{F} = \alpha \frac{(1 - r_1)(1 - r_2)(1 - r_3)}{K^2 l^2}. \tag{3.20}$$

Diese Relation macht deutlich, daß es bei der Schwellenbedingung nicht auf den gesamten Photonenstrom der Pumpwelle, sondern auf dessen Dichte ankommt, so daß also — wie im Fall der Harmonischenerzeugung (s. Abschn. 6.4) — eine Fokussierung vorteilhaft ist. Dies ist sofort verständlich, da die Fokussierung — analog wie das Aufstellen eines Resonators für die Pumpwelle — eine Intensitätserhöhung für die Pumpwelle bewirkt und damit die Stärke der parametrischen Wechselwirkung vergrößert.

Aus Gl. (3.20) ersieht man weiterhin, daß für die Stärke der Kopplung im stationären Fall — ebenfalls wie bei der Harmonischenerzeugung (s. Abschn. 6.5) — das Produkt aus der nichtlinearen Suszeptibilität und der Kristallänge charakteristisch ist. Wie nicht anders zu erwarten, liegt der Schwellenwert (3.20) um so tiefer, je größer die nichtlineare Suszeptibilität und je länger der Kristall ist.

Wir kehren nun zu Gl. (3.12) zurück. Aus dieser Beziehung und Gl. (1.19) ergibt sich für das Verhältnis s von eingestrahlter Pumpleistung zum zugehörigen Schwellenwert (das also die Schwellenüberhöhung kennzeichnet) der Wert

$$s \equiv \frac{P}{P_S} = \frac{16\,|F|^2\,\beta^2}{\varkappa_1 \varkappa_2 \varkappa_3{}^2}, \tag{3.21}$$

und die Gln. (3.4), (3.9) und (3.10) können damit, beachten wir noch Gl. (3.12), umgeschrieben werden in

$$|q_3|^2 = \frac{P_S}{\varkappa_3}, \tag{3.22}$$

$$|q_2|^2 = \frac{P_S}{\varkappa_2}\left(\sqrt{s} - 1\right) \tag{3.23}$$

und

$$|q_1|^2 = \frac{P_S}{\varkappa_1}\left(\sqrt{s} - 1\right). \tag{3.24}$$

Aus den vorstehenden beiden Gleichungen folgt sofort die Beziehung

$$|q_1|^2\varkappa_1 = |q_2|^2\varkappa_2, \tag{3.25}$$

die offenbar besagt, daß im stationären Fall in der Zeiteinheit genauso viele Signal- wie Idler-Photonen verlorengehen, also, wenn wir von Absorptions- und Streuverlusten absehen, den Resonator verlassen. Diese Aussage ist vom Standpunkt der Quantenmechanik sofort zu verstehen. Da ein Pump-Photon stets sowohl in ein Signal- als auch ein Idler-Photon zerfällt, werden pro sec gleich viele Signal- und Idler-Photonen im Kristall erzeugt, und unter stationären Bedingungen müssen daher auch die (Photonen-)Verlustraten für die beiden Wellen übereinstimmen. — Klassisch gesehen entspricht Gl. (3.25) einer Manley-Rowe-Beziehung (s. Abschn. 2.2).

Bemerkenswert ist, daß die mittleren Photonenzahlen $|q_1|^2$ und $|q_2|^2$ nach Gln. (3.24) bzw. (3.23) nicht, wie man zunächst erwarten würde, linear mit der Pumpleistung, sondern vielmehr mit der Wurzel aus dieser Größe anwachsen. Dies hat, wie wir gleich explizit zeigen werden, zur Folge, daß der Konversionskoeffizient η bei hohen Pumpleistungen wieder abnimmt. Wir definieren letzteren als die Zahl der in der Zeiteinheit umgesetzten Pump-Photonen, bezogen auf den von außen einfallenden Pump-Photonenstrom, schreiben also, da die erstgenannte Größe mit der Erzeugungsrate der Signal- (oder auch der Idler-) Photonen identisch ist (die, wie wir oben ausgeführt haben, im stationären Fall mit der entsprechenden Verlustrate übereinstimmt), unter Verwendung von Gl. (3.24)

$$\eta = \frac{\varkappa_1 |q_1|^2}{P} = \frac{1}{s}\left(\sqrt{s} - 1\right). \qquad (3,26)$$

Diese Größe nimmt, wie man durch Differenzieren leicht nachprüft, ihren Maximalwert für

$$s = \frac{P}{P_S} = 4 \qquad (3.27)$$

an; der Wert des Maximums beträgt dabei

$$\eta_{\max} = \frac{1}{4}. \qquad (3.28)$$

Für $s > 4$ fällt der Konversionskoeffizient η, wie in Abb. 11 dargestellt, monoton ab.

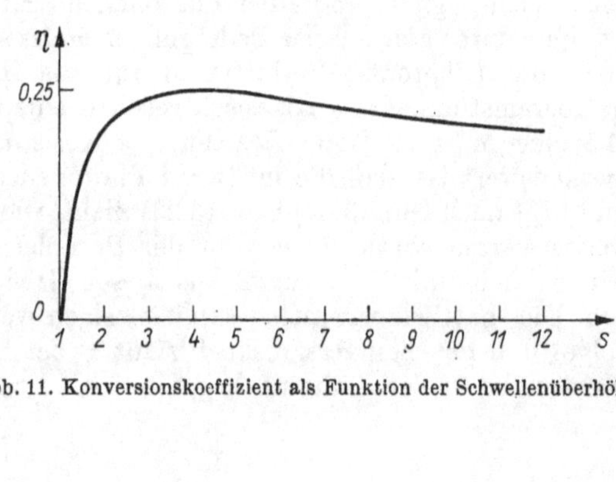

Abb. 11. Konversionskoeffizient als Funktion der Schwellenüberhöhung.

Es erhebt sich nun die Frage nach der physikalischen Ursache dieser erneuten Verschlechterung des Wirkungsgrades. Ihre Beantwortung ergibt sich aus der in Abschn. 7.2 durchgeführten Untersuchung eines Resonators, in den von außen eine Welle eingestrahlt wird. Dort haben wir festgestellt, daß der Eintrittsspiegel S_1 (bei geeigneter Abstimmung des Resonators) die einfallende Welle nur bei fehlender Dämpfung der Welle im Innern des Resonators nicht reflektiert, mit wachsender Absorption innerhalb des Resonators dagegen eine immer stärkere Reflexion an S_1 erfolgt. Beim parametrischen Oszillator spielt nun der parametrische Prozeß selbst die Rolle einer Absorption für die Pumpwelle; das führt dazu, daß mit wachsender Konversionsrate ein immer größerer Prozentsatz der einfallenden Pump-Photonen am Spiegel S_1 reflektiert wird und damit an der parametrischen Wechselwirkung gar nicht teilnimmt, was wiederum eine Abnahme des Konversionskoeffizienten selbst bedingt.

Ohne Bezugnahme auf Abschn. 7.2 können wir so argumentieren: In der Zeiteinheit werden unter stationären Bedingungen, wie oben erläutert, $|q_1|^2\varkappa_1$ Signal-Photonen erzeugt, dementsprechend zerfällt die gleiche Zahl von Pump-Photonen. Zusätzlich gehen $|q_3|^2\varkappa_3$ Pump-Photonen — hauptsächlich durch Austritt aus dem Resonator — verloren. Im stationären Fall müssen diese beiden Verlustraten für die Pumpwelle zusammengenommen gerade gleich dem in den Resonator tatsächlich eintretenden Pump-Photonenstrom $\hat{P}$ sein, für den somit gilt

$$\hat{P} = |q_1|^2 \varkappa_1 + |q_3|^2 \varkappa_3. \tag{3.29}$$

Diesen Ausdruck können wir unter Verwendung von Gln. (3.24), (3.22) sowie (3.21) umformen in

$$\hat{P} = P_S \sqrt{s} = P_S \sqrt{\frac{P}{P_S}} = \frac{1}{\sqrt{s}} P. \tag{3.30}$$

Es tritt also nur der Bruchteil $1/\sqrt{s}$ der Energie der einfallenden Pumpwelle tatsächlich ein, der mit wachsender Schwellenüberhöhung monoton bis auf Null abfällt.[1])

Beziehen wir die Umwandlungsrate auf den tatsächlich in den Resonator eindringenden Pump-Photonenstrom, so finden wir nach Gln. (3.26) und (3.30) den folgenden Wert für den Konversionskoeffizienten

$$\hat{\eta} = \frac{\varkappa_1 |q_1|^2}{\hat{P}} = \sqrt{s}\,\eta = \frac{\sqrt{s}-1}{\sqrt{s}}, \qquad (3.31)$$

der im Limes sehr hoher Pumpleistung ($P \gg P_S$) offenbar gegen Eins geht. An der oben gefundenen Abnahme des Konversionskoeffizienten η für $s > 4$ hat somit nicht der Kristall schuld, sondern der Resonator.

Der Vorteil des von uns untersuchten dreifach resonanten Versuchsaufbaus besteht also, um es noch einmal zu wiederholen, darin, daß eine beträchtliche Erniedrigung der Schwellenleistung für die Pumpwelle stattfindet; andererseits muß man dafür aber einen kleinen maximalen Konversionskoeffizienten in Kauf nehmen. Man wird daher diese Form des parametrischen Oszillators hauptsächlich dann verwirklichen, wenn die zur Verfügung stehende Pumpleistung gering ist. Andernfalls erweist sich eine Anordnung, bei der man auf einen Resonator für die Pumpwelle verzichtet (letztere also einfach durch den Kristall hindurchstrahlt) als günstiger, weil man auf diese Weise grundsätzlich einen Konversionskoeffizienten von 100% erzielen kann (s. z. B. [11]). In letzter Zeit gelang es (unter Verwendung von Pump-

[1]) Die genauere Diskussion der Wirkung des Resonators auf eine eingestrahlte Welle in Abschn. 7.2 führte zu dem Schluß, daß höchstens der Bruchteil r der einfallenden Photonen am Eintrittsspiegel reflektiert werden kann, das Verhältnis der Zahl der in den Resonator eintretenden zur Zahl der ankommenden Photonen also den Mindestwert $(1 - r)$ besitzt. Unser vereinfachtes Modell, bei dem der Effekt des Resonators nur phänomenologisch durch eine Verlustkonstante $\varkappa$ beschrieben wird, ist somit weit oberhalb der Schwelle (für $s > (1 - r)^{-2}$) nicht mehr zutreffend.

impulsen sehr hoher Leistung) auch, parametrische Oszillatoren zu betreiben, bei denen nur eine Welle (die Signal- oder die Idler-Welle) mittels eines Resonators rückgekoppelt wird (s. beispielsweise [33]). Die erforderliche Pumpleistung liegt dann zwar beträchtlich höher als bei zweifacher Resonanz, dafür kann man erreichen, daß — im Gegensatz zum letzteren Fall, bei dem ganze Gruppen von Resonatoreigenschwingungen an der Ausstrahlung beteiligt sind (s. die Fußnote auf S. 40) — die Signalwelle in einer einzigen Eigenschwingung angeregt ist.

Im nächsten Abschnitt wollen wir noch die Stabilität der oben gefundenen stationären Lösung nachprüfen.

7.4. *Einschwingvorgänge und Stabilität*

Zur Untersuchung von Einschwingvorgängen beim optischen parametrischen Oszillator ist es zweckmäßig, von den komplexen Amplituden q_j zu reellen Amplituden b_j und Phasen φ_j überzugehen. Setzen wir also

$$q_j = b_j e^{i\varphi_j} \quad (b_j \geqq 0), \qquad j = 1, 2, 3, \tag{4.1}$$

und entsprechend

$$F = f e^{i\Psi}, \tag{4.2}$$

so ergeben sich aus Gln. (1.12)—(1.14) durch Trennung von Real- und Imaginärteil die folgenden Relationen

$$\dot{b}_1 = -\frac{\varkappa_1}{2} b_1 - \beta\, b_2 b_3 \sin \Delta\varphi, \tag{4.3}$$

$$\dot{b}_2 = -\frac{\varkappa_2}{2} b_2 - \beta b_1 b_3 \sin \Delta\varphi, \tag{4.4}$$

$$\dot{b}_3 = -\frac{\varkappa_3}{2} b_3 + \beta b_1 b_2 \sin \Delta\varphi + f \cos(\Psi - \varphi_3), \tag{4.5}$$

$$\dot{\varphi}_1 = \beta \frac{b_2 b_3}{b_1} \cos \Delta\varphi, \tag{4.6}$$

$$\dot{\varphi}_2 = \beta \frac{b_1 b_3}{b_2} \cos \Delta\varphi, \tag{4.7}$$

$$\dot{\varphi}_3 = \beta \frac{b_1 b_2}{b_3} \cos \Delta\varphi + \frac{f}{b_3} \sin (\Psi - \varphi_3) \tag{4.8}$$

mit

$$\Delta\varphi \equiv \varphi_3 - (\varphi_2 + \varphi_1). \tag{4.9}$$

Das Auftreten des Faktors $\sin \Delta\varphi$ in Gln. (4.3)—(4.5) macht deutlich, daß die zeitliche Entwicklung der Amplituden sehr wesentlich von der Phasenbeziehung zwischen den drei Wellen, ausgedrückt durch die Größe $\Delta\varphi$, abhängt. So ist es im besonderen unmöglich, den optischen parametrischen Oszillator allgemein mit Bilanzgleichungen zu beschreiben, wie es beim Laser der Fall ist. Derartige Gleichungen lassen sich nur aufstellen, wenn man voraussetzt, daß die Phasen schon nahezu eingeschwungen sind, d. h., daß $\Delta\varphi$ und φ_3 von den zugehörigen stationären Werten $(\Delta\varphi)_0$ und $\varphi_3^{(0)}$ nur wenig abweichen. Der Wert von $(\Delta\varphi)_0$ zunächst ergibt sich aus Gl. (3.6) zu

$$(\Delta\varphi)_0 = -\frac{\pi}{2}, \tag{4.10}$$

während, wie im Anschluß an Gl. (3.7) bemerkt wurde,

$$\varphi_3^{(0)} = \Psi \tag{4.11}$$

gilt.

In der Näherung

$$|\Delta\varphi - (\Delta\varphi)_0| = \left|\Delta\varphi + \frac{\pi}{2}\right| \ll 1 \tag{4.12}$$

sowie

$$|\varphi_3 - \varphi_3^{(0)}| = |\varphi_3 - \Psi| \ll 1 \tag{4.13}$$

wird dann aus Gln. (4.3)—(4.5)

$$\dot{b}_1 = -\frac{\varkappa_1}{2} b_1 + \beta\, b_2 b_3, \tag{4.14}$$

$$\dot{b}_2 = -\frac{\varkappa_2}{2} b_2 + \beta\, b_1 b_3, \tag{4.15}$$

$$\dot{b}_3 = -\frac{\varkappa_3}{2} b_3 - \beta\, b_1 b_2 + f, \tag{4.16}$$

es findet also eine Entkopplung der Amplituden- von den Phasengleichungen statt. Vergleicht man die vorstehenden Gleichungen mit Gln. (4.3)—(4.5), so stellt man fest, daß die im stationären Fall gültige Phasenbeziehung (4.10) einer maximalen parametrischen Wechselwirkung entspricht. Dies ist physikalisch verständlich, wenn wir an den Anlaufvorgang denken. Letzterer muß ja, wie wir schon in Abschn. 5.1 erwähnten, notwendig von Zerfällen von Pumpquanten, also in der Phase statistisch unbestimmten mikroskopischen Feldern für die Signal- und Idler-Welle ausgehen. Bei ungünstiger Phasenlage $\Delta\varphi$ wird sich ein solcher „Keim" für die Signal- bzw. Idler-Welle im weiteren zeitlichen Verlauf nicht oder nur wenig verstärken, während ein optimales Wachstum des Keims für $\Delta\varphi = -\pi/2$ erfolgt[1]), der sich damit aus dem Rauschen heraushebt und makroskopische Dimensionen annimmt.

Schreiben wir Gln. (4.14)—(4.16) auf die Photonenzahlen

$$n_j \equiv |q_j|^2 = b_j^2 \qquad (j = 1, 2, 3) \tag{4.17}$$

um, so finden wir die Bilanzgleichungen für den parametrischen Oszillator (in der Näherung (4.12), (4.13)) in

[1]) Eine quantenmechanische Diskussion des parametrischen Verstärkungsvorganges führt zu dem Ergebnis, daß sogar schon die bei spontanen Zerfällen von Pump-Photonen entstehenden Signal- und Idler-Photonen in ihrer Phase entsprechend der Beziehung $\Delta\varphi = -\pi/2$ korreliert sind. (Näheres s. Abschn. 8.4.)

der Form

$$\dot{n}_1 = -\varkappa_1 n_1 + 2\beta\sqrt{n_1 n_2 n_3}, \tag{4.18}$$

$$\dot{n}_2 = -\varkappa_2 n_2 + 2\beta\sqrt{n_1 n_2 n_3}, \tag{4.19}$$

$$\dot{n}_3 = -\varkappa_3 n_3 - 2\beta\sqrt{n_1 n_2 n_3} + 2\sqrt{n_3}\, f. \tag{4.20}$$

Wir wollen nun die Stabilität der im vorhergehenden Abschnitt diskutierten stationären Lösung untersuchen. Dazu genügt es, kleine Abweichungen δb_j, $\delta\varphi_j$ von den Gleichgewichtswerten $b_j^{(0)}$ bzw. $\varphi_j^{(0)}$ zu betrachten. Bei Beschränkung auf die in δb_j, $\delta\varphi_j$ linearen Terme erhalten wir so aus Gln. (4.3)—(4.8) die Differentialgleichungen

$$\frac{\mathrm{d}}{\mathrm{d}t}(\delta b_1) = -\frac{\varkappa_1}{2}\delta b_1 + \beta b_2^{(0)}\delta b_3 + \beta b_3^{(0)}\delta b_2, \tag{4.21}$$

$$\frac{\mathrm{d}}{\mathrm{d}t}(\delta b_2) = -\frac{\varkappa_2}{2}\delta b_2 + \beta b_1^{(0)}\delta b_3 + \beta b_3^{(0)}\delta b_1, \tag{4.22}$$

$$\frac{\mathrm{d}}{\mathrm{d}t}(\delta b_3) = -\frac{\varkappa_3}{2}\delta b_3 - \beta b_1^{(0)}\delta b_2 - \beta b_2^{(0)}\delta b_1, \tag{4.23}$$

$$\frac{\mathrm{d}}{\mathrm{d}t}(\delta\varphi_1) = \beta\frac{b_2^{(0)} b_3^{(0)}}{b_1^{(0)}}(\delta\varphi_3 - \delta\varphi_1 - \delta\varphi_2), \tag{4.24}$$

$$\frac{\mathrm{d}}{\mathrm{d}t}(\delta\varphi_2) = \beta\frac{b_1^{(0)} b_3^{(0)}}{b_2^{(0)}}(\delta\varphi_3 - \delta\varphi_1 - \delta\varphi_2), \tag{4.25}$$

$$\frac{\mathrm{d}}{\mathrm{d}t}(\delta\varphi_3) = \beta\frac{b_1^{(0)} b_2^{(0)}}{b_3^{(0)}}(\delta\varphi_3 - \delta\varphi_1 - \delta\varphi_2) - \frac{f}{b_3^{(0)}}\delta\varphi_3. \tag{4.26}$$

Wir beschäftigen uns zunächst mit den Amplitudengleichungen. Die hier auftretenden Koeffizienten nehmen eine einfache Form an, wenn wir von den Amplitudenänderungen δb_j zu den entsprechenden Änderungen δn_j der Photonenzahl übergehen, für welche (in linearer Näherung) gilt

$$\delta n_j = 2 b_j^{(0)}\, \delta b_j\,. \tag{4.27}$$

Aus Gln. (4.21)—(4.23) entsteht so das Gleichungssystem

$$\frac{\mathrm{d}}{\mathrm{d}t}(\delta n_1) = -\frac{\varkappa_1}{2}\,\delta n_1 + \beta\,\frac{b_1^{(0)} b_2^{(0)}}{b_3^{(0)}}\,\delta n_3 + \beta\,\frac{b_1^{(0)} b_3^{(0)}}{b_2^{(0)}}\,\delta n_2\,, \tag{4.28}$$

$$\frac{\mathrm{d}}{\mathrm{d}t}(\delta n_2) = -\frac{\varkappa_2}{2}\,\delta n_2 + \beta\,\frac{b_1^{(0)} b_2^{(0)}}{b_3^{(0)}}\,\delta n_3 + \beta\,\frac{b_2^{(0)} b_3^{(0)}}{b_1^{(0)}}\,\delta n_1\,, \tag{4.29}$$

$$\frac{\mathrm{d}}{\mathrm{d}t}(\delta n_3) = -\frac{\varkappa_3}{2}\,\delta n_3 - \beta\,\frac{b_1^{(0)} b_3^{(0)}}{b_2^{(0)}}\,\delta n_2 - \beta\,\frac{b_2^{(0)} b_3^{(0)}}{b_1^{(0)}}\,\delta n_1\,, \tag{4.30}$$

dessen Koeffizienten sich wie folgt berechnen. Aus Gl. (3.1) ergibt sich

$$\beta\,\frac{b_3^{(0)} b_2^{(0)}}{b_1^{(0)}} = \frac{\varkappa_1}{2}, \tag{4.31}$$

entsprechend liefert Gl. (3.2) die Beziehung

$$\beta\,\frac{b_3^{(0)} b_1^{(0)}}{b_2^{(0)}} = \frac{\varkappa_2}{2}, \tag{4.32}$$

und aus Gl. (3.6) schließlich erhalten wir, wenn wir noch Gln. (3.9) und (3.21) berücksichtigen, den Zusammenhang

$$\frac{b_1^{(0)} b_2^{(0)}}{b_3^{(0)}} = \frac{2\beta^2}{\varkappa_1}\,(b_2^{(0)})^2 = \frac{\varkappa_3}{2}\left(\sqrt{s} - 1\right). \tag{4.33}$$

Damit kann an Stelle von Gln. (4.28)–(4.30) geschrieben werden

$$\frac{\mathrm{d}}{\mathrm{d}t}(\delta n_1) = -\frac{\varkappa_1}{2}\,\delta n_1 + \frac{\varkappa_2}{2}\,\delta n_2 + \frac{\varkappa_3}{2}\left(\sqrt{s}-1\right)\delta n_3, \tag{4.34}$$

$$\frac{\mathrm{d}}{\mathrm{d}t}(\delta n_2) = \frac{\varkappa_1}{2}\,\delta n_1 - \frac{\varkappa_2}{2}\,\delta n_2 + \frac{\varkappa_3}{2}\left(\sqrt{s}-1\right)\delta n_3, \tag{4.35}$$

$$\frac{\mathrm{d}}{\mathrm{d}t}(\delta n_3) = -\frac{\varkappa_1}{2}\,\delta n_1 - \frac{\varkappa_2}{2}\,\delta n_2 - \frac{\varkappa_3}{2}\,\delta n_3. \tag{4.36}$$

Zur Vereinfachung der Rechnung setzen wir nun voraus, daß die Verlustkonstanten für die Signal- und Idler-Welle gleich seien,

$$\varkappa_1 = \varkappa_2 = \varkappa, \tag{4.37}$$

dann ergibt sich aus Gln. (4.34)–(4.36) für δn_3 und die Linearkombinationen

$$\delta n_+ = \delta n_1 + \delta n_2, \tag{4.38}$$

$$\delta n_- = \delta n_1 - \delta n_2 \tag{4.39}$$

das folgende einfache Gleichungssystem

$$\frac{\mathrm{d}}{\mathrm{d}t}(\delta n_-) = -\varkappa\,\delta n_-, \tag{4.40}$$

$$\frac{\mathrm{d}}{\mathrm{d}t}(\delta n_+) = \varkappa_3\left(\sqrt{s}-1\right)\delta n_3, \tag{4.41}$$

$$\frac{\mathrm{d}}{\mathrm{d}t}(\delta n_3) = -\frac{\varkappa}{2}\,\delta n_+ - \frac{\varkappa_3}{2}\,\delta n_3. \tag{4.42}$$

Machen wir den Ansatz

$$\delta n_- = a e^{-\alpha t}, \quad \delta n_+ = b e^{-\beta t}, \quad \delta n_3 = c e^{-\beta t}, \tag{4.43}$$

so gilt also

$$\alpha = \varkappa, \tag{4.44}$$

und β bestimmt sich aus der Lösbarkeitsbedingung für das aus Gln. (4.41) und (4.42) mit dem Ansatz (4.43) folgende homogene algebraische Gleichungssystem

$$0 = \det \begin{pmatrix} \beta & \varkappa_3(\sqrt{s} - 1) \\ -\frac{\varkappa}{2}\beta & -\frac{\varkappa_3}{2} \end{pmatrix} = \beta^2 - \frac{\varkappa_3}{2}\beta + \frac{\varkappa\varkappa_3}{2}(\sqrt{s} - 1) \tag{4.45}$$

zu

$$\beta_{1,2} = \frac{\varkappa_3}{4} \pm \sqrt{\left(\frac{\varkappa_3}{4}\right)^2 - \frac{\varkappa\varkappa_3}{2}(\sqrt{s} - 1)}. \tag{4.46}$$

Die Abweichungen δn_j der Photonenzahlen von ihren Gleichgewichtswerten werden also — da der Realteil von α, β_1 und β_2 in jedem Fall positiv ist — stets gedämpft, so daß die Stabilität, was zunächst die Amplituden angeht, gesichert ist.

In Schwellennähe $\sqrt{s} - 1 \ll 1$ erhält man durch Entwicklung der Wurzel in Gl. (4.46) leicht die näherungsweise gültige Darstellung

$$\beta_1 = \frac{\varkappa_3}{2}, \tag{4.47}$$

$$\beta_2 = \varkappa(\sqrt{s} - 1), \tag{4.48}$$

die Stabilität wird also bei Annäherung an die Schwelle ($s = 1$) immer schlechter. (Eine ähnliche Situation liegt beim Laser vor.)

Bei Erhöhung der Pumpleistung tritt offenbar der Fall ein, daß der Radikand in Gl. (4.46) negativ, die Wurzel also rein imaginär wird. Dem exponentiellen Abklingen der Größen δn_j ($j = 1, 2, 3$) ist dann — ganz ähnlich wie bei den sogenannten Relaxationsschwingungen des

Lasers (s. z. B. [46]) — eine harmonische Schwingung mit der Kreisfrequenz

$$\Omega = \frac{\varkappa_3}{4}\sqrt{\frac{8\varkappa}{\varkappa_3}\left(\sqrt{s}-1\right)-1} \tag{4.49}$$

überlagert. Offenbar lautet die Bedingung für das Auftreten derartiger Einschwingvorgänge

$$s > \left(\frac{\varkappa_3}{8\varkappa}+1\right)^2. \tag{4.50}$$

Wir wollen zum Schluß die Gleichungen (4.24)—(4.26) für die Phasenabweichungen diskutieren. Unter der Voraussetzung (4.37) und bei Berücksichtigung der Relationen (4.31)—(4.33) vereinfacht sich dieses Gleichungssystem, wenn wir auch hier Linearkombinationen der Form

$$\delta\varphi_+ = \delta\varphi_1 + \delta\varphi_2, \tag{4.51}$$

$$\delta\varphi_- = \delta\varphi_1 - \delta\varphi_2 \tag{4.52}$$

einführen, zu

$$\frac{\mathrm{d}}{\mathrm{d}t}(\delta\varphi_-) = 0, \tag{4.53}$$

$$\frac{\mathrm{d}}{\mathrm{d}t}(\delta\varphi_+) = -\varkappa\,\delta\varphi_+ + \varkappa\,\delta\varphi_3, \tag{4.54}$$

$$\frac{\mathrm{d}}{\mathrm{d}t}(\delta\varphi_3) = -\frac{\varkappa_3}{2}\left(\sqrt{s}-1\right)\delta\varphi_+ - \left(\frac{f}{b_3^{(0)}} - \frac{\varkappa_3}{2}\left(\sqrt{s}-1\right)\right)\delta\varphi_3. \tag{4.55}$$

Die in der letzten Gleichung auftretende Größe $f/b_3^{(0)}$ berechnet sich nach Gln. (3.4) und (3.21) zu

$$\frac{f}{b_3^{(0)}} = \frac{2\beta f}{\varkappa} = \frac{\varkappa_3}{2}\sqrt{s}, \tag{4.56}$$

so daß wir an Stelle von Gl. (4.55) schreiben können

$$\frac{\mathrm{d}}{\mathrm{d}t}(\delta\varphi_3) = -\frac{\varkappa_3}{2}\left(\sqrt{s}-1\right)\delta\varphi_+ - \frac{\varkappa_3}{2}\,\delta\varphi_3. \tag{4.57}$$

Der Ansatz

$$\delta\varphi_+ = c_+e^{-\gamma t}, \qquad \delta\varphi_3 = c_3 e^{-\gamma t} \tag{4.58}$$

führt uns auf die folgende Bestimmungsgleichung für die Dämpfungskonstante γ

$$0 = \det\begin{pmatrix} \gamma - \varkappa & \varkappa \\ -\frac{\varkappa_3}{2}\left(\sqrt{s}-1\right) & \gamma - \frac{\varkappa_3}{2} \end{pmatrix}$$

$$= \gamma^2 - \frac{2\varkappa + \varkappa_3}{2}\,\gamma + \frac{\varkappa\varkappa_3}{2}\sqrt{s} \tag{4.59}$$

mit der Lösung

$$\gamma_{1,2} = \frac{2\varkappa + \varkappa_3}{4} \pm \sqrt{\left(\frac{2\varkappa + \varkappa_3}{4}\right)^2 - \frac{\varkappa\varkappa_3}{2}\sqrt{s}}$$

$$= \frac{2\varkappa + \varkappa_3}{4} \pm \sqrt{\left(\frac{2\varkappa - \varkappa_3}{4}\right)^2 - \frac{\varkappa\varkappa_3}{2}\left(\sqrt{s}-1\right)}. \tag{4.60}$$

Es erfolgt also — im Gegensatz zu den Amplitudenabweichungen auch an der Schwelle! — eine Dämpfung von $\delta\varphi_+$ und $\delta\varphi_3$; im besonderen geht die für die Wechselwirkung charakteristische relative Phase $\Delta\varphi = \varphi_3 - (\varphi_2 + \varphi_1)$ in ihren Gleichgewichtswert über.

Nach Gl. (4.53) bleibt $\delta\varphi_- = \delta\varphi_1 - \delta\varphi_2$ zeitlich konstant, so daß die Abweichungen $\delta\varphi_1$ und $\delta\varphi_2$ im allgemeinen nicht auf den Wert Null abklingen. Dies ist nicht weiter verwunderlich, wenn man bedenkt, daß im stationären Zustand die Gleichgewichtswerte $\varphi_1^{(0)}$ und $\varphi_2^{(0)}$ einzeln gar nicht definiert sind, sondern durch die

Phase der Pumpwelle lediglich ihre Summe festgelegt wird. Physikalisch bedeutungsvoll ist daher nur die letztgenannte Größe, die, wie wir oben sahen, im Lauf der Zeit ihren stationären Wert annimmt. Da das gleiche auch für φ_3 gilt, ist somit die Stabilität der in Abschn. 7.3 gefundenen stationären Lösung endgültig erwiesen.

Aus Gl. (4.60) liest man schließlich noch ab, daß — ähnlich wie im Fall der Amplitudenabweichungen — ein gedämpft sinusförmiges Einschwingen der Größen $\varphi_1 + \varphi_2$ und φ_3 in die Gleichgewichtswerte erfolgt, wenn die Pumpleistung so hoch ist, daß die Ungleichung

$$s > \frac{4}{\varkappa^2 \varkappa_3^2} \left(\frac{2\varkappa + \varkappa_3}{4} \right)^4 \tag{4.61}$$

erfüllt ist.

8. Der parametrische Verstärker

8.1. Integration der Bewegungsgleichungen

Nachdem wir im vorhergehenden Kapitel die stationäre parametrische Frequenzumsetzung in einem Resonator untersucht haben, wollen wir uns nun mit dem entsprechenden nichtstationären Problem, nämlich der parametrischen Verstärkung einer Signalwelle beschäftigen. Wir nehmen wieder an, daß Signal- und Idler Welle jeweils durch eine Eigenschwingung eines (Ring-) Resonators repräsentiert werden. Wir beschränken uns auf den Fall der linearen Verstärkung, d. h., wir setzen voraus, daß die Intensität der eingestrahlten Pumpwelle so groß ist, daß die mit der Verstärkung des Signals verbundene Abnahme der Pumpintensität — relativ gesehen — vernachlässigbar klein ist, wir die Pumpwelle also als von außen vorgegebene „treibende Kraft“ auffassen können. (Dabei spielt es für den Prozeß der parametrischen Verstärkung offenbar prinzipiell keine Rolle, ob die Pumpwelle ebenfalls resonant ist oder ob sie nur einmal durch den Kristall hindurchläuft; im ersten Fall ist lediglich der absolute Wert der im nichtlinearen Medium wirksamen Pumpintensität — bei gleicher Leistung der äußeren Pumpwelle — infolge des in Abschn. 7.2 diskutierten Effekts der Resonanzüberhöhung wesentlich größer als im zweiten.)

Während die Pumpwelle wegen ihrer hohen Intensität bedenkenlos klassisch beschrieben werden kann, ist die Quantisierung von Signal- und Idler-Welle unbedingt erforderlich, wenn wir die Rauschvorgänge in die Betrachtung einbeziehen wollen. Wir haben somit zunächst die quantenmechanischen Bewegungsgleichungen aufzuschreiben, also die HEISENBERGschen Bewegungsgleichungen, die zum Wechselwirkungsoperator (4.12), Kapitel 5, gehören, wenn wir dort den Operator $\hat{A}_3$ durch eine vorgegebene, zeitlich konstante c-Zahl A_3 ersetzen. Da wir diesen Wechselwirkungsoperator gerade so bestimmt hatten, daß die klassischen (aus den MAXWELLschen Gleichungen folgenden) Bewegungsgleichungen quantenmechanisch reproduziert werden, finden wir so, wenn wir wieder exakte Phasenanpassung voraussetzen, gemäß Gln. (1.2) und (1.3), Kapitel 7, die Relationen

$$\dot{\hat{A}}_1 = \frac{i c^2 K \omega_1}{\boldsymbol{e}^{(1)} \varepsilon(\omega_1) \boldsymbol{e}^{(1)}} \hat{A}_2^+ A_3, \tag{1.1}$$

$$\dot{\hat{A}}_2 = \frac{i c^2 K \omega_2}{\boldsymbol{e}^{(2)} \varepsilon(\omega_2) \boldsymbol{e}^{(2)}} \hat{A}_1^+ A_3 \quad (A_3 = \text{const}), \tag{1.2}$$

wobei die Operatoren $\hat{A}_\lambda$, $\hat{A}_\lambda^+$ $(\lambda = 1, 2)$ die Vertauschungsrelation (4.2), Kapitel 5 (mit γ_λ gemäß Gl. (4.5), Kapitel 5) befriedigen.

Gehen wir durch die Umnormierung (1.5), Kapitel 7, von den Operatoren $\hat{A}_\lambda^+$, $\hat{A}_\lambda$ zu Photonenerzeugungs- und -vernichtungsoperatoren q_λ^+ bzw. q_λ über, so entsteht nach Gln. (1.8) und (1.9), Kapitel 7, das folgende, den

Ausgangspunkt unserer Untersuchungen darstellende Gleichungssystem (vgl. auch [41, 44])

$$\dot{q}_1 = \gamma q_2^+, \tag{1.3}$$

$$\dot{q}_2 = \gamma q_1^+ \tag{1.4}$$

mit

$$\gamma = i\beta \sqrt{\frac{V e^{(3)} \varepsilon(\omega_3) e^{(3)}}{2\pi\hbar\omega_3}}\, A_3$$

$$= i c^2 K \sqrt{\frac{\omega_1 \omega_2}{\left(e^{(1)} \varepsilon(\omega_1) e^{(1)}\right)\left(e^{(2)} \varepsilon(\omega_2) e^{(2)}\right)}}\, A_3 \tag{1.5}$$

(wobei noch Gl. (1.11), Kapitel 7, beachtet wurde).

Wir haben hierbei die Resonatorverluste außer acht gelassen — mehr physikalisch gesprochen, die damit verbundene Schwächung der Wellen als klein gegenüber der parametrischen Verstärkung vorausgesetzt.

Die Operatoren q_λ, q_λ^+ genügen der bekannten Vertauschungsrelation

$$[q_\lambda, q_\lambda^+] = \mathbf{1} \qquad (\lambda = 1, 2), \tag{1.6}$$

während alle anderen Kommutatoren verschwinden.

Bevor wir die Integration der Gln. (1.3) und (1.4) ausführen, leiten wir aus ihnen zunächst einen Erhaltungssatz her. Multiplizieren wir die erste Gleichung von links mit q_1^+ und addieren die dazu hermitesch adjungierte Gleichung, so entsteht die Relation

$$\frac{\mathrm{d}}{\mathrm{d}t}(q_1^+ q_1) = \gamma q_1^+ q_2^+ + \gamma^* q_1 q_2, \tag{1.7}$$

und analog ergibt sich aus Gl. (1.4) die Beziehung

$$\frac{\mathrm{d}}{\mathrm{d}t}(q_2^+ q_2) = \gamma q_1^+ q_2^+ + \gamma^* q_1 q_2. \tag{1.8}$$

Aus Gln. (1.7) und (1.8) folgt, daß die Größe $q_1^+ q_1 - q_2^+ q_2$ zeitlich konstant ist, d. h., es gilt

$$q_1^+ q_1 - q_2^+ q_2 = q_1^{+0} q_1^0 - q_2^{+0} q_2^0, \tag{1.9}$$

wobei sich der Index Null auf den Anfangszeitpunkt $t = 0$ bezieht. Nach Gl. (1.9) ist also der Unterschied in den Photonenzahlen für die Signal- und die Idler-Welle stets der gleiche wie im Ausgangszustand, es werden somit im Verlauf des Verstärkungsvorgangs ebensoviele Signal- wie Idler-Photonen erzeugt, und die Relation (1.9) hat den Charakter einer MANLEY-ROWE-Beziehung.

Wir entkoppeln nun zunächst das Gleichungssystem (1.3), (1.4), indem wir Gl. (1.3) noch einmal differenzieren und für $\dot{q}_2^+$ den aus Gl. (1.4) (durch Übergang zur hermitesch adjungierten Gleichung) folgenden Ausdruck einsetzen. Wir finden so die Differentialgleichung

$$\ddot{q}_1 = \gamma \dot{q}_2^+ = |\gamma|^2 q_1, \tag{1.10}$$

deren allgemeine Lösung sich sofort in der Form

$$q_1 = \alpha \sinh |\gamma| t + \beta \cosh |\gamma| t \tag{1.11}$$

aufschreiben läßt.

Aus Gl. (1.11) ergibt sich durch Differenzieren und Einsetzen in Gl. (1.3) die Beziehung

$$q_2^+ = \frac{\beta |\gamma|}{\gamma} \sinh |\gamma| t + \frac{\alpha |\gamma|}{\gamma} \cosh |\gamma| t \tag{1.12}$$

oder, wenn wir den Phasenfaktor $|\gamma|/\gamma$ mit ε bezeichnen,

$$\varepsilon = \frac{|\gamma|}{\gamma} = e^{-i\left(\frac{\pi}{2} + \varphi_3\right)} \tag{1.13}$$

(nach Gl. (1.5) sowie Gl. (4.1), Kapitel 7),

$$q_2^+ = \varepsilon \beta \sinh |\gamma| t + \varepsilon \alpha \cosh |\gamma| t. \tag{1.14}$$

Die Integrationskonstanten α und β bestimmen sich leicht aus den Anfangsbedingungen

$$q_1(t=0) = q_1^0, \qquad q_2^+(t=0) = q_2^{+0} \tag{1.15}$$

zu

$$\beta = q_1^0, \qquad \alpha = \varepsilon^* q_2^{+0}, \tag{1.16}$$

so daß wir schließlich die Lösung des Gleichungssystems (1.3), (1.4) schreiben können als

$$q_1 = \cosh|\gamma| t \, q_1^0 + \varepsilon^* \sinh|\gamma| t \, q_2^{+0}, \tag{1.17}$$

$$q_2 = \cosh|\gamma| t \, q_2^0 + \varepsilon^* \sinh|\gamma| t \, q_1^{+0}. \tag{1.18}$$

Wir prüfen noch nach, daß die erhaltene Lösung die Vertauschungsrelationen (1.6) auch für $t > 0$ befriedigt. Aus Gl. (1.17) folgt ja

$$[q_1, q_1^+] = \cosh^2|\gamma| t \, [q_1^0, q_1^{+0}] + \sinh^2|\gamma| t \, [q_2^{+0}, q_2^0], \tag{1.19}$$

und da Gln. (1.6) jedenfalls im Anfangszeitpunkt erfüllt sind, können wir fortfahren

$$[q_1, q_1^+] = (\cosh^2|\gamma| t - \sinh^2|\gamma| t) \, \mathbf{1} = \mathbf{1}. \tag{1.20}$$

Weiterhin gilt beispielsweise

$$[q_1, q_2] = \varepsilon^* \sinh|\gamma| t \cosh|\gamma| t \, ([q_1^0, q_1^{+0}] + [q_2^{+0}, q_2^0]) = 0, \tag{1.21}$$

wie es sein muß.

Die Gültigkeit der Vertauschungsrelationen (1.20), (1.21) usf. ist nicht überraschend, da die Gln. (1.3) und (1.4) ja aus einem Hamilton-Formalismus folgen, der bekanntlich allgemein die zeitliche Invarianz der kanonischen Vertauschungsregeln garantiert.

Die Lösungen (1.17), (1.18) erlauben uns nun, beliebige Korrelationsfunktionen der verstärkten Strahlung zu berechnen. Um den mathematischen Aufwand niedrig zu halten, werden wir die Zeit t als so groß voraussetzen, daß die Ungleichung

$$|\gamma| t \gg 1 \tag{1.22}$$

besteht, wir also in Gln. (1.17) und (1.18) — unter der Voraussetzung, daß die anfänglichen Photonenzahlen der Signal- und der Idler-Welle von gleicher Größenordnung sind — den Unterschied zwischen $\sinh |\gamma| t$ und $\cosh |\gamma| t$ vernachlässigen können. In dieser Näherung lauten dann die Gln. (1.17) und (1.18)

$$q_1 = G(q_1^0 + \varepsilon^* q_2^{+0}), \tag{1.23}$$

$$q_2 = G(q_2^0 + \varepsilon^* q_1^{+0}) \tag{1.24}$$

mit

$$G = \frac{1}{2} e^{|\gamma| t} \tag{1.25}$$

als Verstärkungsfaktor (für die Amplitude).

Aus Gln. (1.23) und (1.24) folgert man die Relationen

$$q_2^+ = \varepsilon q_1, \tag{1.26}$$

$$q_1^+ = \varepsilon q_2, \tag{1.27}$$

aus denen die starke Korrelation zwischen Signal- und Idler-Welle zu ersehen ist.

Weiterhin kommutieren in der betrachteten Näherung auch die Operatoren q_1 und q_1^+ sowie q_2 und q_2^+. (Die mittleren Photonenzahlen $\langle q_1^+ q_1 \rangle$ und $\langle q_2^+ q_2 \rangle$ sind wegen (1.22) groß im Vergleich zu Eins, so daß der — in den Vertauschungsregeln (1.6) zum Ausdruck kommende — quantenmechanische Charakter des Strahlungsfeldes bedeutungslos wird.)

Im folgenden wollen wir einige Eigenschaften der verstärkten Strahlung detaillierter untersuchen. Wir diskutieren zuerst die Intensität der Signal- und der Idler-Welle nach dem Verstärkungsvorgang.

8.2. Das Anwachsen der Intensität

Für die mittlere Photonenzahl der Signalwelle ergibt sich nach Gl. (1.23) unter Verwendung der vereinfachten Schreibweise

$$\langle q_j^0 \rangle = \langle q_j \rangle_0, \qquad \langle q_j^0 q_k^0 \rangle = \langle q_j q_k \rangle_0 \quad \text{usf.} \tag{2.1}$$

der Ausdruck

$$\langle q_1^+ q_1 \rangle = G^2 \{ \langle q_1^+ q_1 \rangle_0 + \langle q_2 q_2^+ \rangle_0 + \varepsilon \langle q_1 q_2 \rangle_0 + \varepsilon^* \langle q_1^+ q_2^+ \rangle_0 \} . \tag{2.2}$$

Wir nehmen im folgenden stets an, daß Signal- und Idler-Welle im Anfangszustand statistisch unabhängig voneinander sind, d. h., daß sich Erwartungswerte von Produkten zweier Observabler O_1 und O_2, die sich auf die Eigenschwingung $\lambda = 1$ bzw. $\lambda = 2$ beziehen, zur Zeit $t = 0$ in der Form

$$\langle O_1 O_2 \rangle = \langle O_1 \rangle \langle O_2 \rangle \tag{2.3}$$

faktorisieren lassen. Diese Voraussetzung ist auf jeden Fall dann erfüllt, wenn die anfänglichen Signal- und Idler-Wellen aus unabhängig voneinander strahlenden Quellen stammen. Gl. (2.3) gilt weiterhin auch dann, wenn nur eine (oder auch gar keine) der beiden Wellen von außen angeregt wird.

Aus Gl. (2.2) wird so, wenn wir noch die mit der Vertauschungsrelation (1.6) für q_2^0, q_2^{+0} identische Beziehung

$$q_2^0 q_2^{+0} = q_2^{+0} q_2^0 + \mathbf{1} \tag{2.4}$$

beachten und die Abkürzungen

$$\langle q_\lambda^+ q_\lambda \rangle = n_\lambda, \qquad \langle q_\lambda^+ q_\lambda \rangle_0 = n_\lambda^0 \qquad (\lambda = 1, 2) \tag{2.5}$$

benutzen,

$$n_1 = G^2 [1 + n_1^0 + n_2^0 + \varepsilon \langle q_1 \rangle_0 \langle q_2 \rangle_0 + \varepsilon^* \langle q_1^+ \rangle_0 \langle q_2^+ \rangle_0] . \tag{2.6}$$

Die Photonenzahl n_1 ist also zunächst proportional zum Quadrat des Verstärkungsfaktors G (Gl. (1.25)), wie nicht anders zu erwarten war. Weiterhin enthält n_1 einen Rauschanteil, ausgedrückt durch die Eins in der eckigen Klammer von Gl. (2.6). Dieser Term repräsentiert offenbar einen stets (unabhängig vom Ausgangszustand der Signal- und der Idler-Welle) auftretenden additiven Beitrag zur Photonenzahl n_1, der im besonderen dann den Gesamtwert von n_1 ausmacht, wenn sich Signal- und Idler-Welle anfänglich im Vakuumzustand $n_1{}^0 = 0$, $n_2{}^0 = 0$ befinden. Es handelt sich dabei also um das spontan (durch spontanen Zerfall von Pump-Photonen) erzeugte und anschließend verstärkte Feld. Gl. (2.6) läßt sich in einem klassischen Bild so interpretieren, daß im Ausgangszustand zusätzlich zu den eingestrahlten Wellen genau ein Rauschquant vom Typ *entweder* der Signal- *oder* der Idler-Welle (oder *sowohl* ein halbes Signal- *als auch* ein halbes Idler-Photon) vorhanden ist.

Betrachten wir zunächst den Fall, daß die Phase der Idler-Welle anfänglich statistisch unbestimmt ist, dann verschwinden die Erwartungswerte $\langle q_2\rangle_0$ und $\langle q_2{}^+\rangle_0$ und demzufolge auch die gemischten Terme in Gl. (2.6), so daß einfach gilt

$$n_1 = G^2(1 + n_1{}^0 + n_2{}^0)\,. \tag{2.7}$$

In diese Formel gehen die Anfangswerte der mittleren Photonenzahlen der Signal- und der Idler-Welle gleichberechtigt ein, die anfänglich vorhandenen Signal-Photonen haben also den gleichen stimulierenden Effekt wie die Idler-Photonen, was plausibel erscheint, wenn man bedenkt, daß ja mit jedem Signal-Photon gleichzeitig ein Idler-Photon erzeugt wird und umgekehrt. Dies gibt die Möglichkeit, den Prozeß der parametrischen Verstärkung gleich mit einer Frequenzumwandlung zu verknüpfen, indem man zum Nachweis eines eingestrahlten Signals der Frequenz ω_2 die mit der (hinsichtlich der Frequenz der Pumpstrahlung) komplementären Frequenz ω_1 oszillierende verstärkte Welle benutzt. Man kann auf diese Weise ein in einem nachweistechnisch schwer zugänglichen Spektralbereich (etwa im Infraroten) liegendes Signal unter gleichzeitiger Verstärkung auf eine für den Nachweis günstigere (etwa dem sichtbaren Spektrum angehörende) Frequenz „transformieren".

Die gemischten Terme in Gl. (2.6) schließlich geben die Abhängigkeit des Verstärkungsprozesses von der (anfänglichen) relativen Phasendifferenz $\Delta\varphi = \varphi_3 - (\varphi_2 + \varphi_1)$ wieder. Man erkennt dies am deutlichsten, wenn man annimmt, daß Signal- und Idler-Welle im Anfangszeitpunkt durch einen GLAUBER-Zustand $|\alpha_1\rangle$ bzw. $|\alpha_2\rangle$ beschrieben werden. Nach Gl. (3.9), Kapitel 5, gilt dann

$$\langle q_\lambda \rangle_0 = \alpha_\lambda, \quad \langle q_\lambda^+ \rangle_0 = \alpha_\lambda^*, \tag{2.8}$$

$$\langle q_\lambda^+ q_\lambda \rangle_0 = n_\lambda^0 = |\alpha_\lambda|^2 \qquad (\lambda = 1, 2), \tag{2.9}$$

so daß Gl. (2.6) übergeht in

$$n_1 = G^2\{1 + |\alpha_1 + \varepsilon^* \alpha_2^*|^2\}. \tag{2.10}$$

Diese Gleichung können wir unter Verwendung der Schreibweise

$$\alpha_\lambda = |\alpha_\lambda| \, e^{i\varphi_\lambda} \qquad (\lambda = 1, 2) \tag{2.11}$$

und Beachtung von Gl. (1.13) umformen in

$$n_1 = G^2 \left\{ 1 + \left| |\alpha_1| + e^{i\left(\frac{\pi}{2} + \varphi_3 - \varphi_2 - \varphi_1\right)} |\alpha_2| \right|^2 \right\}. \tag{2.12}$$

Aus dieser Relation ist ersichtlich, daß (bei festgehaltenen Werten n_1^0 und n_2^0) dann eine maximale Verstärkung erfolgt, wenn die Phasen φ_k $(k = 1, 2, 3)$ die Bedingung

$$\Delta\varphi \equiv \varphi_3 - (\varphi_1 + \varphi_2) = -\frac{\pi}{2} \tag{2.13}$$

befriedigen, was genau mit unserer früheren Feststellung (s. Abschn. 7.4) übereinstimmt.

Die Verstärkung ist minimal für

$$\Delta\varphi = +\frac{\pi}{2}; \tag{2.14}$$

im Spezialfall $n_1{}^0 = n_2{}^0$ kompensieren sich dann die Einflüsse von Signal- und Idler-Welle vollständig, und das verstärkte Signal besteht nur aus dem Rauschen, enthält also keinerlei Information über das Eingangssignal. Offenbar verläuft in diesem Fall der Verstärkungsvorgang anfangs in umgekehrter Richtung. Es werden die eingestrahlten Signal- und Idler-Welle (vollständig) abgebaut, wobei ihre Energie der Pumpwelle zugute kommt.

Falls die Ausgangszustände von Signal- und Idler-Welle nicht maximal kohärent, aber doch so beschaffen sind, daß gewisse Werte der Phase bevorzugt vorkommen und dementsprechend die Erwartungswerte $\langle q_\lambda\rangle_0$, $\langle q_\lambda{}^+\rangle_0$ $(\lambda = 1, 2)$ nicht verschwinden, ist die Phasenabhängigkeit des Verstärkungsvorgangs weniger ausgeprägt, jedoch grundsätzlich vorhanden.

Wir bemerken schließlich noch, daß in unserer Näherung auf Grund von Gl. (1.26) sowie der Kommutierbarkeit von q_1 und $q_1{}^+$ die Beziehung

$$n_2 = \langle q_2{}^+ q_2\rangle = \langle q_1 q_1{}^+\rangle = n_1 \tag{2.15}$$

gültig ist, so daß sich eine explizite Berechnung von n_2 erübrigt.

8.3. Fluktuationen der Intensität

Wir wollen uns nun mit den statistischen Eigenschaften der verstärkten Strahlung beschäftigen, die im besonderen in den Schwankungen der Intensität zum Ausdruck kommen. Hierin unterscheiden sich Laserlicht und thermisches Licht in charakteristischer Weise: Während die

Laserstrahlung in hohem Maße amplitudenstabilisiert ist, in ihrer Intensität also nur wenig fluktuiert, sind die Intensitätsschwankungen beim thermischen Licht von der Größenordnung der Intensität selbst.

Wir verwenden als Maß für die Intensitätsfluktuationen die Größe

$$D \equiv \langle q^+ q^+ q q \rangle - \langle q^+ q \rangle^2, \tag{3.1}$$

die mit einer Anordnung vom Typ des Hanbury Brown und Twiss-Experiments [9] gemessen werden kann. Letzteres besteht — in der Ausführung von Rebka und Pound [52] — darin, daß im Strahlengang am gleichen Ort zwei Photonenzähler aufgestellt[1]) und eventuelle Korrelationen zwischen den beiden Zählraten ermittelt werden. Die Größe D gibt nämlich — abgesehen von einem Proportionalitätsfaktor s^2, wobei s die Zählerempfindlichkeit bedeutet — gerade den Überschuß der Koinzidenzrate (pro sec^2) der beiden Zähler im Vergleich zu der zufälligen Koinzidenzrate an, die dann aufträte, wenn man jeden Zähler für sich einem aus einer gesonderten (gleichartigen) Lichtquelle stammenden Lichtstrahl aussetzte. (Die Größe $s^2 \langle q^+ q^+ q q \rangle (\mathrm{d}t)^2$ hat die Bedeutung der Wahrscheinlichkeit dafür, daß im Zeitintervall $t \ldots t + \mathrm{d}t$ *beide* Zähler ansprechen, während die Größe $s \langle q^+ q \rangle \,\mathrm{d}t$ die Ansprechwahrscheinlichkeit eines einzelnen Zählers, ihr Quadrat also die Zahl der während der Zeit $\mathrm{d}t$ zufällig stattfindenden Koinzidenzen angibt; s. [25].)

Es ist einleuchtend, daß man durch eine Messung von D Aufschluß über die Schwankungen der Lichtintensität erhält, denn im Fall einer zufälligen Amplitudenvergrößerung am Ort der Zähler wächst die Ansprechwahrscheinlichkeit für beide Zähler im gleichen Maße, d. h., es bestehen Korrelationen zwischen den beiden Zählraten, die sich so äußern, daß eine (momentane) Erhöhung der Zählrate des einen Zählers (über ihren zeitlichen Mittel-

[1]) In praxi geht man so vor, daß man den Strahl mittels eines halbdurchlässigen Spiegels teilt und jeden Teilstrahl auf einen Zähler fallen läßt.

wert hinaus) in der Mehrzahl der Fälle ebenfalls von einer Erhöhung der Zählrate des zweiten Zählers begleitet wird, so daß die Koinzidenzrate einen die zufällige Rate übersteigenden Wert annimmt.

Aus der formalen Eigenschaft (3.9) Kapitel 5, der GLAUBER-Zustände $|\alpha\rangle$, die in guter Näherung durch Laserstrahlen realisiert werden, folgt dann sofort die Aussage

$$D = \alpha^{*2}\alpha^2 - (\alpha^*\alpha)^2 = 0, \tag{3.2}$$

während für thermisches Licht

$$D = \langle q^+ q\rangle^2 \tag{3.3}$$

gilt.

Die letztere Beziehung kann man leicht herleiten, wenn man bedenkt, daß eine Eigenschwingung des Strahlungsfeldes äquidistante Energieniveaus

$$E_n = \hbar\omega n \qquad (n = 0, 1, 2, \ldots) \tag{3.4}$$

besitzt (s. Gl. (2.13), Kapitel 5), die im thermischen Gleichgewicht gemäß einer BOLTZMANN-Verteilung

$$w_n = \text{const}\, e^{-\frac{\hbar\omega n}{k_B T}} \tag{3.5}$$

(k_B BOLTZMANN-Konstante, T Temperatur) besetzt sind.

Führen wir die Abkürzung

$$p = e^{-\frac{\hbar\omega}{k_B T}} \tag{3.6}$$

ein, so können wir statt Gl. (3.5) schreiben

$$w_n = (1 - p)p^n, \tag{3.7}$$

wobei der Faktor $1 - p$ offenbar für die Erfüllung der Normierungsbedingung

$$\sum_{n=0}^{\infty} w_n = 1 \tag{3.8}$$

sorgt.

Mit Hilfe von Gl. (3.7) berechnen sich dann die Mittelwerte von n und n^2 leicht durch Differenzieren; im einzelnen finden wir

$$\bar{n} \equiv \sum_n w_n n = (1-p) p \frac{\partial}{\partial p} \sum_n p^n$$

$$= (1-p) p \frac{\partial}{\partial p} \frac{1}{1-p} = \frac{p}{1-p} \tag{3.9}$$

sowie

$$\overline{n^2} \equiv \sum_n w_n n^2 = \bar{n} + \sum_n w_n n (n-1)$$

$$= \bar{n} + (1-p) p^2 \frac{\partial^2}{\partial p^2} \frac{1}{1-p} = \bar{n} + \frac{2p^2}{(1-p)^2} \tag{3.10}$$

oder, unter Beachtung von Gl. (3.9),

$$\overline{n^2} = \bar{n} + 2\bar{n}^2 . \tag{3.11}$$

Damit wird, wenn wir die berechneten Mittelwerte mit den zugehörigen quantenmechanischen Erwartungswerten identifizieren,

$$\langle (q^+ q)^2 \rangle - \langle q^+ q \rangle^2 = \langle q^+ q \rangle + \langle q^+ q \rangle^2 . \tag{3.12}$$

Für die Größe D ergibt sich hieraus unter Berücksichtigung der Relation

$$(q^+ q)^2 = q^+ q q^+ q = q^+ (\mathbf{1} + q^+ q) q = q^{+2} q^2 + q^+ q \tag{3.13}$$

gerade die Beziehung (3.3).

Nach diesen orientierenden Betrachtungen berechnen wir nun mit Hilfe der Formel (1.23) die Größe D für die verstärkte Signalwelle. Für den Erwartungswert $\langle q_1^{+2} q_1^2 \rangle$

zunächst erhalten wir den Ausdruck

$$\langle q_1^{+2} q_1^2\rangle = G^4\{\langle q_1^{+2} q_1^2\rangle_0 + \langle q_2^2 q_2^{+2}\rangle_0 + 4\langle q_1^+ q_1\rangle_0\langle q_2 q_2^+\rangle_0$$

$$+ 2\varepsilon[\langle q_1^+ q_1^2\rangle_0\langle q_2\rangle_0 + \langle q_2^2 q_2^+\rangle_0\langle q_1\rangle_0]$$

$$+ 2\varepsilon^*[\langle q_1^{+2} q_1\rangle_0\langle q_2^+\rangle_0 + \langle q_2 q_2^{+2}\rangle_0\langle q_1^+\rangle_0]$$

$$+ \varepsilon^2\langle q_1^2\rangle_0\langle q_2^2\rangle_0 + \varepsilon^{*2}\langle q_1^{+2}\rangle_0\langle q_2^{+2}\rangle_0\}. \quad (3.14)$$

Andererseits finden wir durch Quadrieren von Gl. (2.6)

$$\langle q_1^+ q_1\rangle^2 = G^4\{1 + \langle q_1^+ q_1\rangle_0^2 + \langle q_2^+ q_2\rangle_0^2$$

$$+ 2[\langle q_1^+ q_1\rangle_0 + \langle q_2^+ q_2\rangle_0] + 2\langle q_1^+ q_1\rangle_0\langle q_2^+ q_2\rangle_0$$

$$+ 2\langle q_1\rangle_0\langle q_1^+\rangle_0\langle q_2\rangle_0\langle q_2^+\rangle_0$$

$$+ 2\varepsilon[1 + \langle q_1^+ q_1\rangle_0 + \langle q_2^+ q_2\rangle_0]\langle q_1\rangle_0\langle q_2\rangle_0$$

$$+ 2\varepsilon^*[1 + \langle q_1^+ q_1\rangle_0 + \langle q_2^+ q_2\rangle_0]\langle q_1^+\rangle_0\langle q_2^+\rangle_0$$

$$+ \varepsilon^2\langle q_1\rangle_0^2\langle q_2\rangle_0^2 + \varepsilon^{*2}\langle q_1^+\rangle_0^2\langle q_2^+\rangle_0^2\}. \quad (3.15)$$

Machen wir Gebrauch von der Vertauschungsrelation (1.6) für q_2^0 und q_2^{+0} sowie den daraus folgenden Hilfsformeln

$$q_2^0(q_2^{+0})^2 = 2q_2^{+0} + (q_2^{+0})^2 q_2^0, \quad (3.16)$$

$$(q_2^0)^2 q_2^{+0} = 2q_2^0 + q_2^{+0}(q_2^0)^2, \quad (3.17)$$

$$(q_2^0)^2(q_2^{+0})^2 = 2\cdot\mathbf{1} + 4q_2^{+0}q_2^0 + (q_2^{+0})^2(q_2^0)^2, \quad (3.18)$$

so können wir nach Gln. (3.14) und (3.15) schreiben

$$D_1 \equiv \langle q_1^{+2} q_1^2\rangle - \langle q_1^+ q_1\rangle^2$$

$$= G^4\{1 + D_1^0 + D_2^0 + 2(n_1^0 + n_2^0)$$

$$+ 2(n_1^0 n_2^0 - |\langle q_1\rangle_0|^2\,|\langle q_2\rangle_0|^2)$$

$$+ 2\varepsilon[\langle q_1\rangle_0\langle q_2\rangle_0 + \langle q_1\rangle_0(\langle q_2^+ q_2^2\rangle_0 - \langle q_2^+ q_2\rangle_0\langle q_2\rangle_0)$$

$$+ \langle q_2\rangle_0(\langle q_1^+ q_1^2\rangle_0 - \langle q_1^+ q_1\rangle_0\langle q_1\rangle_0)]$$

$$+ 2\varepsilon^*[\langle q_1^+\rangle_0\langle q_2^+\rangle_0 + \langle q_1^+\rangle_0(\langle q_2^{+2} q_2\rangle_0 - \langle q_2^+ q_2\rangle_0\langle q_2^+\rangle_0)$$

$$+ \langle q_2^+\rangle_0(\langle q_1^{+2} q_1\rangle_0 - \langle q_1^+ q_1\rangle_0\langle q_1^+\rangle_0)]$$

$$+ \varepsilon^2[\langle q_1^2\rangle_0\langle q_2^2\rangle_0 - \langle q_1\rangle_0^2\langle q_2\rangle_0^2]$$

$$+ \varepsilon^{*2}[\langle q_1^{+2}\rangle_0\langle q_2^{+2}\rangle_0 - \langle q_1^+\rangle_0^2\langle q_2^+\rangle_0^2]\}, \quad (3.19)$$

wobei wir die Anfangswerte der Größe D für die Signal- und die Idler-Welle mit D_1^0 bzw. D_2^0 bezeichnet haben.

Wir untersuchen zuerst wieder den Fall, daß die Phase der Idler-Welle im Anfangszeitpunkt statistisch unbestimmt ist. Dann reduziert sich Gl. (3.19) wegen des Verschwindens der Erwartungswerte $\langle q_2\rangle_0$, $\langle q_2^2\rangle_0$, $\langle q_2^+ q_2^2\rangle_0$ usf. auf die einfache Beziehung

$$D_1 = G^4\{1 + 2(n_1^0 + n_2^0) + 2n_1^0 n_2^0 + D_1^0 + D_2^0\}, \quad (3.20)$$

aus der man abliest, daß die Intensitätsschwankungen der verstärkten Signalwelle in gleichem Maße durch die entsprechenden anfänglichen Fluktuationen der Signalwelle einerseits und der Idler-Welle andererseits bedingt sind.

Nehmen wir weiterhin an, daß es sich im Anfangszeitpunkt sowohl bei der Signal- als auch der Idler-Welle um thermisch fluktuierende Strahlung handelt, also gemäß Gl. (3.3)

$$D_1^0 = (n_1^0)^2, \qquad D_2^0 = (n_2^0)^2 \quad (3.21)$$

gilt, so nimmt Gl. (3.20) die folgende Gestalt an

$$D_1 = G^4\{1 + 2(n_1^0 + n_2^0) + 2n_1^0 n_2^0 + (n_1^0)^2 + (n_2^0)^2\}. \quad (3.22)$$

Da die rechte Seite dieser Gleichung, wie ein Vergleich mit Gl. (2.7) lehrt, gerade das Quadrat von n_1 ist, kommen wir zu der Feststellung, daß der thermische Charakter der Strahlung beim Verstärkungsprozeß erhalten bleibt. Diese Aussage ist im besonderen auch dann gültig, wenn die Idler-Welle nicht von außen angeregt wird ($D_2^0 = n_2^0 = 0$). Schließlich folgt aus Gl. (3.20) zusammen mit Gl. (2.7), daß die durch Selbsterregung entstandene (d. h. aus dem Vakuumzustand $|0\rangle_1 |0\rangle_2$ für Signal- und Idler-Welle hervorgegangene) Signalwelle ebenfalls Amplitudenfluktuationen vom Typ der thermischen Strahlung besitzt.

Ist andererseits die Signalwelle im Anfangszeitpunkt maximal kohärent, so wird die anfängliche Amplitudenstabilität der Signalwelle durch den Verstärkungsvorgang generell verschlechtert, und zwar um so mehr, je stärker die Idler-Welle zur Zeit $t = 0$ in der Amplitude fluktuiert, denn die rechte Seite von Gl. (3.20) ist auf jeden Fall positiv und außerdem — bei festgehaltenen Werten n_1^0 und n_2^0 — um so größer, je größer D_2^0 ist.

Spezialisieren wir uns auf den Fall, daß anfangs sich die Idler-Welle im Vakuumzustand befindet und die Signalwelle durch einen GLAUBER-Zustand repräsentiert wird, so folgt aus Gln. (3.20) und (2.7)

$$\frac{D_1}{n_1^2} = \frac{1 + 2n_1^0}{1 + 2n_1^0 + (n_1^0)^2}, \tag{3.23}$$

d. h., die verstärkte Signalwelle ist nur dann noch merklich amplitudenstabilisiert, wenn die anfängliche Photonenzahl n_1^0 groß im Vergleich zu Eins ist. (Dann ist ja die rechte Seite von Gl. (3.23) klein gegenüber dem Wert Eins, welcher der thermischen Strahlung entspricht.)

Lassen wir die bisherige Voraussetzung fallen, daß die Anfangsphase der Idler-Welle statistisch unbestimmt ist, dann haben, wie Gl. (3.19) lehrt, nicht nur die anfänglichen Amplitudenfluktuationen von Signal- und Idler-Welle, sondern auch die in den Erwartungswerten $\langle q_\lambda \rangle_0$, $\langle q_\lambda^2 \rangle_0$, $\langle q_\lambda^+ q_\lambda^2 \rangle_0$ ($\lambda = 1, 2$) usf. zum Ausdruck kommenden Kohärenzeigenschaften der beiden Wellen Einfluß auf die Intensitätsschwankungen der verstärkten

Signalwelle. Betrachten wir speziell den Fall, daß sich im Anfangszeitpunkt sowohl die Signal- als auch die Idler-Welle in einem GLAUBER-Zustand $|\alpha_1\rangle$ bzw. $|\alpha_2\rangle$ befindet, so vereinfacht sich Gl. (3.19), wenn wir von der formalen Eigenschaft (3.9), Kapitel 5, der GLAUBER-Zustände Gebrauch machen, zu

$$D_1 = G^4\{1 + 2\,|\alpha_1|^2 + 2\,|\alpha_2|^2 + 2\varepsilon\alpha_1\alpha_2 + 2\varepsilon^*\alpha_1^*\alpha_2^*\}, \tag{3.24}$$

wofür wir unter Verwendung von Gl. (2.10) auch schreiben können

$$D_1 = G^2(2n_1 - G^2). \tag{3.25}$$

Die für den relativen Wert der Intensitätsfluktuationen charakteristische Größe D_1/n_1^2 lautet dann

$$\frac{D_1}{n_1^2} = \frac{1 + 2\,|\alpha_1 + \varepsilon^*\alpha_2^*|^2}{(1 + |\alpha_1 + \varepsilon^*\alpha_2^*|^2)^2}. \tag{3.26}$$

Man überzeugt sich durch Differenzieren leicht, daß dieser Ausdruck, als Funktion von $x \equiv |\alpha_1 + \varepsilon^*\alpha_2|^2$ betrachtet, mit wachsendem Argument x monoton abfällt. Das bedeutet im besonderen, die Amplitudenstabilität des verstärkten Signals ist — bei festgehaltenen Anfangswerten n_1^0, n_2^0 und unabhängig von der Beobachtungszeit t (sofern nur die Ungleichung (1.22) besteht) — dann am größten, wenn anfangs die Phasenbeziehung (2.13) erfüllt ist; maximale Verstärkung geht somit Hand in Hand mit minimaler relativer Intensitätsfluktuation.

In unserer Näherung (1.23), (1.24) gilt wegen (1.26) und (1.27) sowie der Vertauschbarkeit der Operatoren q_λ und q_λ^+ ($\lambda = 1, 2$) trivialerweise

$$D_2 = D_1, \tag{3.27}$$

d. h., die Idler-Welle zeigt genau die gleichen Intensitätsschwankungen wie die Signalwelle. Darüber hinaus ergibt sich die Relation

$$\langle q_1^+ q_2^+ q_2 q_1 \rangle - \langle q_1^+ q_1 \rangle \langle q_2^+ q_2 \rangle = D_1 , \qquad (3.28)$$

die besagt, daß das Hanbury Brown und Twiss-Experiment auch so ausgeführt werden kann, daß nicht mehr beide Zähler von der Signal- (bzw. Idler-)Welle getroffen werden, sondern der eine Zähler der Signal- und der andere Zähler der Idler-Welle ausgesetzt ist, ohne daß sich an der Überschuß-Koinzidenzrate der beiden Zähler etwas ändert. Dies bedeutet physikalisch offenbar, daß die eine Welle die Amplitudenfluktuationen der anderen genau „mitmacht", was wegen der simultanen Erzeugung von Signal- und Idler-Photonen nicht verwundert.

8.4. Kohärenzfragen

Wir wollen uns nun mit der Frage beschäftigen, wie die Kohärenzeigenschaften der Strahlung durch den Verstärkungsprozeß geändert werden. Zur quantitativen Kennzeichnung der Kohärenz benutzen wir die relative,

$$\sigma \equiv \frac{\langle q^+ q \rangle - \langle q^+ \rangle \langle q \rangle}{\langle q^+ q \rangle}. \qquad (4.1)$$

über die Vakuumfluktuationen hinausgehende Streuung der elektrischen Feldstärke. Maximale Kohärenz entspricht dann dem Verschwinden von σ (wie es bei Glauber-Zuständen der Fall ist), während bei vollständiger Inkohärenz $\sigma = 1$ gilt. Der Wert von σ kann grundsätzlich mit Hilfe eines Interferenzexperiments ermittelt werden, bei dem zwei (statistisch unabhängige) Lichtstrahlen, die sich lediglich in der Ausbreitungsrichtung unterscheiden, sich aber im gleichen quantenmechanischen Zustand befinden, zur Interferenz gebracht werden. Die Größe σ hängt nämlich in der einfachen Weise

$$\sigma = 1 - s \tag{4.2}$$

mit der Sichtbarkeit s des dabei auftretenden Interferenzmusters zusammen (s. z. B. [45]).

Wir berechnen zunächst den für die Kohärenzeigenschaften der Signalwelle ausschlaggebenden Erwartungswert $\langle q_1 \rangle$, der nach Gl. (1.23) gegeben ist durch

$$\langle q_1 \rangle = G(\langle q_1 \rangle_0 + \varepsilon^* \langle q_2^+ \rangle_0). \tag{4.3}$$

Dieser Wert ist, wie nicht anders zu erwarten, offenbar dann groß, wenn die anfangs vorliegenden Signal- und Idler-Wellen schon gute Kohärenzeigenschaften besitzen und überdies die Phasenbeziehung (2.13) erfüllt ist, wobei unter φ_1 und φ_2 jetzt die Phasen der Erwartungswerte $\langle q_1 \rangle_0$ bzw. $\langle q_2 \rangle_0$ zu verstehen sind. Wenn dagegen im Anfangszeitpunkt sowohl die Signal- als auch die Idler-Welle vollständig inkohärent ist, so gilt das gleiche für die verstärkte Strahlung, d. h., der Verstärkungsprozeß kann von sich aus keine Kohärenz erzeugen. Es kann aber, wie aus Gl. (4.3) ersichtlich ist, eine anfänglich inkohärente Signalwelle im Verlauf des Verstärkungsvorgangs (teilweise) kohärent werden, wenn die eingestrahlte Idler-Welle kohärent ist; es werden also die Kohärenzeigenschaften der ursprünglichen Idler-Welle z. T. auf das verstärkte Signal übertragen.

Setzen wir die Ausdrücke (4.3) und (2.6) in Gl. (4.1) ein, so erhalten wir die Relation

$$\sigma_1 = \frac{1 + n_1^0 \sigma_1^0 + n_2^0 \sigma_2^0}{1 + n_1^0 + n_2^0 + \varepsilon \langle q_1 \rangle_0 \langle q_2 \rangle_0 + \varepsilon^* \langle q_1^+ \rangle_0 \langle q_2^+ \rangle_0}, \tag{4.4}$$

wobei σ_1^0 und σ_2^0 die Anfangswerte der Größe (4.1) für die Signal- bzw. Idler-Welle bezeichnen. In dem Spezialfall, daß beide Wellen im Anfangszeitpunkt durch einen Glauber-Zustand $|\alpha_1\rangle$ bzw. $|\alpha_2\rangle$ repräsentiert werden, vereinfacht sich Gl. (4.4) zu

$$\sigma_1 = \frac{1}{1 + |\alpha_1 + \varepsilon^* \alpha_2^*|^2}. \tag{4.5}$$

Aus Gl. (4.4) erkennt man, daß σ_1 — bei festgehaltenen Werten n_1^0, n_2^0 sowie $\sigma_1^0 < 1$, $\sigma_2^0 < 1$ — dann minimal (und demzufolge der Kohärenzgrad der verstärkten Signalwelle am größten) ist, wenn die Phasen von $\langle q_1 \rangle_0$ und $\langle q_2 \rangle_0$ die (maximaler Verstärkung entsprechende) Relation (2.13) befriedigen.

Da die rechte Seite von Gl. (4.4) offenbar stets größer als Null ist, kann die Signalwelle nach der Verstärkung niemals exakt (maximal) kohärent sein. Speziell geht beim Verstärkungsvorgang ein GLAUBER-Zustand in einen Zustand über, der sich von einem GLAUBER-Zustand unterscheidet. Allerdings fällt dieser Unterschied, wie man aus Gl. (4.5) sieht, z. B. dann wenig ins Gewicht, wenn sich die Idler-Welle anfangs im Vakuumzustand befindet und $n_1^0 = |\alpha_1|^2$ den Wert Eins merklich übersteigt.

Der mit dem Verstärkungsprozeß verbundene Kohärenzverlust ist — ebenso wie die Verminderung der Amplitudenstabilität (s. Abschn. 8.3) — als Effekt des Verstärkerrauschens anzusehen, das dadurch bedingt ist, daß an der „Auslösung" des Verstärkungsprozesses neben den von außen eingestrahlten Quanten auch spontan erzeugte Photonen beteiligt sind. Es leuchtet ein, daß das Rauschen keine große Rolle spielt, wenn die einfallenden Quanten im Vergleich zu den durch spontanen Zerfall von Pump-Photonen entstehenden Signal- und Idler-Photonen in der Überzahl sind.

Wir erwähnen noch, daß das Rauschverhalten des parametrischen Verstärkers mit selbsterregter Idler-Welle das gleiche ist wie das eines Laserverstärkers, bei dem eine vollständige Besetzungsinversion erzeugt wurde (s. [41]). (Ein Vergleich der expliziten Darstellungen für den Photonenvernichtungsoperator der verstärkten

Signalwelle, wie sie sich einerseits für den Laserverstärker [s. hierzu z. B. [47]] und andererseits für den parametrischen Verstärker [s. Gl. (1.17)] ergeben, zeigt, daß die mathematische Beschreibung der beiden Verstärkungsprozesse — im Fall der genannten speziellen Arbeitsbedingungen — formal identisch ist.[1]))

Es erscheint bemerkenswert, daß man durch parametrische Wechselwirkung mit einer Pump- und einer Idler-Welle aus einer (nicht notwendig maximal) kohärenten Signalwelle eine weniger fluktuierende Signalwelle erzeugen kann[2]) als mit einem Laserverstärker, indem man eine Idler-Welle mit (im Sinn von Gl. (2.13)) passender Phase einstrahlt. Dies setzt voraus, daß man die (mittlere) Anfangsphase der Signalwelle schon kennt. Falls ein Ensemble von Signalwellen zur Verfügung steht, bedeutet das keine grundsätzliche Schwierigkeit, da man eine entsprechende Phasenmessung schon an einem Teil-Ensemble — etwa durch Interferenz mit einem Vergleichsstrahl definierter Phase (s. z. B. [47]) — ausführen kann. In der Tat erkennen wir, betrachten wir gleich den Spezialfall, daß sich anfangs sowohl die Signal- als auch die Idler-Welle in einem GLAUBER-

[1]) Der Ausdruck für den Photonenvernichtungsoperator beim Laserverstärker unterscheidet sich von Gl. (1.17) (abgesehen von dem in diesem Zusammenhang bedeutungslosen Phasenfaktor ε^*) lediglich dadurch, daß an die Stelle des Photonenerzeugungsoperators q_2^{+0} der Idler-Welle ein auf das gesamte Atomsystem bezüglicher Operator A tritt (s. [47]). Für den Fall, daß einerseits alle Atome invertiert sind (sich also im angeregten Zustand befinden) und andererseits sich die Idler-Welle im Vakuumzustand befindet, sind nun — im Fall großer Atomzahlen N_A, so daß N_A^{-1} gegenüber Eins vernachlässigt werden kann — die Operatoren A und q_2^{+0} vollständig äquivalent in dem Sinn, daß beliebige Erwartungswerte von Produkten aus (willkürlich geordneten) Operatoren A, A^+ mit den entsprechenden Erwartungswerten übereinstimmen, bei denen A durch q_2^{+0} und A^+ durch q_2^0 ersetzt ist.

[2]) Da die physikalische Beschaffenheit der verstärkten Signalwelle in diesem Fall von den Eigenschaften sowohl der eingestrahlten Signal- als auch der ursprünglichen Idler-Welle abhängt, handelt es sich dabei nicht um eine Verstärkung der Signalwelle im üblichen Sinn, bei der das Ausgangssignal das Eingangssignal möglichst getreu (soweit dies das Verstärkerrauschen zuläßt!) „widerspiegelt". Ein solcher „echter" Verstärkungsprozeß findet nur bei selbsterregter Idler-Welle statt.

Zustand $|\alpha_1\rangle$ bzw. $|\alpha_2\rangle$ befindet, an Hand von Gln. (3.26) und (4.5), daß die für die Intensitäts- bzw. Feldstärkefluktuationen charakteristischen Größen D_1/n_1^2 und σ_1 bei phasengerechter Einstrahlung einer kohärenten Idler-Welle kleiner sind als im Fall einer selbsterregten Idler-Welle ($\alpha_2 = 0$), der, wie oben bemerkt, dem (hinsichtlich des Rauschverhaltens optimalen) Laserverstärker mit hundertprozentiger Besetzungsinversion entspricht.

Wir leiten nun noch eine für den Anlaufvorgang beim parametrischen Oszillator bedeutsame Phasenkorrelation her, die sich bei Selbsterregung der beiden Wellen ausbildet; wir berechnen nämlich den „gemischten" Erwartungswert $\langle q_1 q_2 \rangle$. Um auch den Fall kleiner Zeiten einzuschließen, verwenden wir hierzu die exakten Lösungen (1.17) und (1.18). Wir erhalten so unter Beachtung der Anfangswerte

$$\langle q_\lambda \rangle_0 = \langle q_\lambda^+ \rangle_0 = 0\,, \qquad \langle q_\lambda^+ q_\lambda \rangle_0 = 0\,, \qquad \langle q_\lambda q_\lambda^+ \rangle_0 = 1 \qquad (\lambda = 1, 2) \tag{4.6}$$

die Relation

$$\langle q_1 q_2 \rangle = \varepsilon^* \sinh |\gamma|\, t \cosh |\gamma|\, t\,, \tag{4.7}$$

während andererseits gilt

$$\langle q_1^+ q_1 \rangle = \langle q_2^+ q_2 \rangle = \sinh^2 |\gamma|\, t\,, \tag{4.8}$$

$$\langle q_1 q_1^+ \rangle = \langle q_2 q_2^+ \rangle = \cosh^2 |\gamma|\, t\,, \tag{4.9}$$

so daß wir auch schreiben können

$$\frac{\langle q_1 q_2 \rangle}{\sqrt{\langle q_1^+ q_1 \rangle \langle q_2 q_2^+ \rangle}} = \frac{\langle q_1 q_2 \rangle}{\sqrt{\langle q_1 q_1^+ \rangle \langle q_2^+ q_2 \rangle}} = \varepsilon^*\,. \tag{4.10}$$

Diese Relation besagt nichts anderes, als daß sich während der Verstärkung sozusagen von selbst solche Phasen der Signal- und der Idler-Welle ausbilden, welche die für maximale Verstärkung charakteristische Beziehung (2.13) befriedigen. Um es genauer zu sagen, nur die Summe $\varphi_1 + \varphi_2$ der beiden Phasen wird durch die Phase φ_3 der Pumpwelle fixiert, während ihre Differenz $\varphi_2 - \varphi_1$ dagegen statistisch willkürlich ist. Bei hinreichend großer (nämlich zu makroskopischen Feldern führender) Verstärkung ist diese Unbestimmtheit der Phasendifferenz als bloße Unkenntnis zu interpretieren, d. h., in jedem Einzelexperiment ergibt sich ein bestimmter — allerdings nicht vorhersagbarer — Wert von $\varphi_2 - \varphi_1$, der lediglich von Fall zu Fall verschieden ist.

Da Gl. (4.10) auch für beliebig kleine Zeiten gültig ist, können wir den Schluß ziehen, daß eine Phasenkorrelation zwischen Signal- und Idler-Welle schon beim spontanen Prozeß selbst auftritt.

Zum Abschluß dieses Kapitels wollen wir noch einmal auf die empfindliche Abhängigkeit des Verstärkungsvorgangs von den Anfangsphasen der Signal- und der Idler-Welle zurückkommen. Hierin besteht ein grundsätzlicher Unterschied zum Laserverstärker, und man könnte den in Rede stehenden Effekt — zumindest prinzipiell — dazu ausnutzen, um detailliertere Informationen über das Fluktuationsverhalten der eingestrahlten Signalwelle zu erhalten, als dies mit einem Laserverstärker möglich ist. Man hätte dazu experimentell in der Weise vorzugehen, daß man eine — in der Photonenzahl mit der Signalwelle ungefähr übereinstimmende — maximal kohärente Idler-Welle einstrahlt (die sich durch Schwächung eines Laserstrahls in guter Näherung realisieren läßt) und solche Größen wie die Intensität der verstärkten Signalwelle, deren Schwankungen oder auch Intensitätskorrelationen höherer Ordnung (die durch Beobachtung der Koinzidenzrate von mehr als zwei Photonenzählern zu ermitteln sind) in Abhängigkeit von der Anfangsphase der Idler-Welle[1])

[1]) Statt die Phase der Idler-Welle könnte man genausogut auch die der Pumpwelle variieren.

mißt. Dazu ist es erforderlich, sehr viele Einzelexperimente auszuführen, bei denen jeweils ein fester — aber von Fall zu Fall unterschiedlicher — Wert der Anfangsphase der Idler-Welle eingestellt wird. Es muß also das Anfangssignal in einer großen Zahl von Exemplaren vorliegen, die evtl. auch zeitlich nacheinander realisiert sein können. Dies steht im Einklang mit der bekannten Tatsache, daß sich quantenmechanische Aussagen grundsätzlich auf ein Ensemble von in gleicher Weise „präparierten" Einzelsystemen beziehen. In der Tat haben ja die quantenmechanischen Erwartungswerte die Bedeutung von Ensemble-Mittelwerten.

Die Meßgrößen n_1 und D_1 haben nach Gln. (2.6) bzw. (3.19), wenn wir dort $\langle q_2\rangle_0 = |\alpha_2| \exp\{i\varphi_2\}$ setzen, offenbar die Gestalt von endlichen FOURIER-Reihen der Form

$$F = \sum_{n=-k}^{k} f_n e^{in\varphi_2} \quad (f_{-n} = f_n^*); \tag{4.11}$$

die Koeffizienten f_n können somit — und das ist der springende Punkt! — durch FOURIER-Analyse der betreffenden Meßdaten *einzeln* bestimmt werden. Man erkennt so an Hand von Gln. (2.6) und (3.19), daß sich die folgenden Erwartungswerte

$$\langle q_1\rangle_0,\ \langle q_1^2\rangle_0,\ \langle q_1^+ q_1^2\rangle_0$$

sowie die dazu konjugiert komplexen Größen

$$\langle q_1^+\rangle_0,\ \langle q_1^{+2}\rangle_0,\ \langle q_1^{+2} q_1\rangle_0$$

ermitteln lassen. (Aus Messungen von Intensitätskorrelationen höherer Ordnung ergeben sich entsprechend Erwartungswerte von Produkten aus mehr als drei Erzeugungs- bzw. Vernichtungsoperatoren.) Es werden mithin solche Größen, welche das Fluktuationsverhalten der elektrischen Feldstärke kennzeichnen, aus der Statistik von Photonenzählexperimenten erschlossen, also die Welleneigenschaften der Strahlung unter solchen

Versuchsbedingungen beobachtet, bei denen gerade die korpuskulare Natur des Lichts zur Geltung kommt. (Die Verhältnisse sind hier ganz ähnlich wie bei der Interferenz.)

Der geschilderte Sachverhalt ist vor allem deswegen bemerkenswert, weil ja bekanntlich eine direkte Messung der elektrischen Feldstärke schon im Gedankenexperiment große Mühe bereitet [8, 35] und jede Vorstellung über eine entsprechende realistische Meßapparatur fehlt. Deshalb bleibt nur die Möglichkeit, sich auf indirektem Weg Informationen über die Welleneigenschaften des elektromagnetischen Feldes zu beschaffen.

Nach diesen Ausführungen über den parametrischen Verstärker wollen wir uns im nächsten Kapitel noch eingehender mit dem parametrischen Elementarprozeß, nämlich dem spontanen Zerfall von Pump-Photonen in sowohl Signal- als auch Idler-Photonen, beschäftigen.

9. Parametrische Fluoreszenz

9.1. Störungstheoretische Berechnung der Übergangswahrscheinlichkeit

Es sollen im folgenden die Eigenschaften der parametrischen Fluoreszenzstrahlung untersucht werden, d. h. desjenigen Lichtes, das bei Bestrahlung eines geeigneten nichtlinearen Kristalls mit einer intensiven Pumpwelle in Erscheinung tritt. Im Gegensatz zur parametrischen Verstärkung und Oszillation erfolgt nun im Emissionsprozeß keine Auszeichnung gewisser Eigenschwingungen durch eine Resonatoranordnung, so daß Signal- und Idler-Welle als Anregungszustände sehr vieler Eigenschwingungen aufzufassen sind. (Beide Wellen besitzen ein breites, richtungsabhängiges Spektrum.) Infolge der fehlenden Rückkopplung der Signal- und

Idler-Wellen kommt es, quantenmechanisch gesprochen, zu keiner Induzierung des Prozesses, d. h., die Rückwirkung der erzeugten Strahlung auf den Zerfall von Pump-Photonen ist vernachlässigbar klein. Aussagen über den Intensitätsverlauf des emittierten Lichts (als Funktion einerseits der Frequenz und andererseits der Ausbreitungsrichtung) erhalten wir im quantenmechanischen Formalismus durch Berechnung der Übergangswahrscheinlichkeit für einen solchen parametrischen Prozeß, bei dem die Signal-Photonen in einen bestimmten Frequenz- und (Raum-)Winkelbereich ausgestrahlt werden. (Wir folgen in diesem Kapitel der Darstellung in [36].)

Für diese Rechnung ist die Kenntnis des den betreffenden Übergang charakterisierenden Matrixelements des Wechselwirkungsoperators H^W erforderlich. Wie wir in Abschn. 5.4 sahen, hat letzterer in unserem Fall die Bedeutung der — über einige Lichtperioden gemittelten — (quantisierten) freien Energie, die nach Gl. (4.15), Kapitel 5, explizit lautet

$$H^W = -2V \sum_{\lambda,\lambda'} \chi(3;\lambda,\lambda') F(\boldsymbol{k}_3 - \boldsymbol{k}_\lambda - \boldsymbol{k}_{\lambda'})\, \hat{A}_3 \hat{A}_\lambda^+ \hat{A}_{\lambda'}^+ + \text{Herm. Adj.} \quad (1.1)$$

mit

$$F(\Delta \boldsymbol{k}) = \frac{1}{V} \int_V e^{i\Delta \boldsymbol{k}\boldsymbol{r}}\, \mathrm{d}^3\boldsymbol{r}. \quad (1.2)$$

Dabei wurde vorausgesetzt, daß die Pumpwelle durch eine einzige Eigenschwingung $\lambda'' = 3$ vom Typ einer laufenden ebenen Welle repräsentiert werden kann.

Da wir den Wechselwirkungsoperator nur für die erste Ordnung der Störungsrechnung benötigen und die störungstheoretischen Formeln für die Übergangswahrscheinlichkeit bekanntlich den Energiesatz implizieren, braucht die Nebenbedingung $\omega_3 \approx \omega_\lambda + \omega_{\lambda'}$ [s. Gl. (4.16), Kapitel 5] nicht noch zusätzlich gestellt zu werden.

Wir wollen nun im Gegensatz zu den früheren Untersuchungen die Dispersion des Mediums korrekt berücksichtigen; das bedeutet, wir unterscheiden zwischen der Phasengeschwindigkeit $\boldsymbol{u}$ und der (für die Ausbreitung der Energie charakteristischen) Gruppengeschwindigkeit $\boldsymbol{v}$ einer Lichtwelle. Die erstere hat die Richtung des Wellenzahlvektors $\boldsymbol{k}$ und den Betrag $\omega/k = c/n$ mit n als Brechungsindex (s. Gln. (3.8) und (3.11), Kapitel 3), so daß also geschrieben werden kann

$$\boldsymbol{u} = \frac{\omega}{k}\boldsymbol{f} = \frac{c}{n}\boldsymbol{f} \quad (k = |\boldsymbol{k}|) \tag{1.3}$$

mit

$$\boldsymbol{f} = \frac{\boldsymbol{k}}{|\boldsymbol{k}|} \tag{1.4}$$

als Einheitsvektor in Ausbreitungsrichtung, während die Gruppengeschwindigkeit definiert ist durch

$$\boldsymbol{v} = \boldsymbol{grad}_{\boldsymbol{k}}\, \omega(\boldsymbol{k})\,. \tag{1.5}$$

Es kann nun gezeigt werden [36], daß sich die (klassische) elektromagnetische Energiedichte in einem verlustfreien, anisotropen Medium mit Dispersion in der Form

$$\frac{U}{V} = \frac{nc}{2\pi\, v^{\|}}\, |E^{\perp}|^2 \tag{1.6}$$

darstellen läßt, wobei

$$v^{\|} = \boldsymbol{v}\cdot\boldsymbol{f} \tag{1.7}$$

die Komponente der Gruppengeschwindigkeit in Ausbreitungsrichtung bezeichnet und $E^{\perp}$ die ortsabhängige komplexe Amplitude der (bezüglich $\boldsymbol{u}$) transversalen Komponente des positiven Frequenzanteils $\boldsymbol{E}^{(+)}$ der elektrischen Feldstärke bedeutet[1])

$$E^{\perp} = A\, e^{ikr} \sqrt{1-(\boldsymbol{e}\boldsymbol{f})^2} = A\, e^{ikr} \sin(\boldsymbol{e},\boldsymbol{f}) \tag{1.8}$$

($\boldsymbol{e}$ Polarisationsvektor). Der ungestörte HAMILTON-Operator H^0 hängt somit im Fall einer laufenden ebenen Welle nur von den Operatoren

$$\hat{A}^{\perp} = \sin(\boldsymbol{e},\boldsymbol{f})\,\hat{A}\,,\ \left(\hat{A}^{\perp}\right)^{+} = \sin(\boldsymbol{e},\boldsymbol{f})\,\hat{A}^{+} \tag{1.9}$$

ab; es ist daher zweckmäßig, auch den Wechselwirkungsoperator (1.1) auf die Größen (1.9) umzuschreiben. Aus Gl. (1.1) wird so

$$H^W = -2V \sum_{\lambda,\lambda'} \tilde{\chi} F(\boldsymbol{k}_3-\boldsymbol{k}_\lambda-\boldsymbol{k}_{\lambda'})\, \hat{A}_3{}^{\perp} \left(\hat{A}_\lambda{}^{\perp}\right)^{+} \left(\hat{A}_{\lambda'}^{\perp}\right)^{+} + \text{Herm. Adj.} \tag{1.10}$$

mit

$$\tilde{\chi} = \frac{\chi(3;\lambda,\lambda')}{\sin(\boldsymbol{e}_\lambda,\boldsymbol{f}_\lambda)\sin(\boldsymbol{e}_{\lambda'},\boldsymbol{f}_{\lambda'})\sin(\boldsymbol{e}_3,\boldsymbol{f}_3)} \tag{1.11}$$

als neuer effektiver Kopplungskonstante. (Da der Anisotropiewinkel [s. Abschn. 4.1] in praxi meist sehr klein ist, unterscheiden sich die Größen χ und $\tilde{\chi}$ normalerweise nur sehr wenig.)

Die Vertauschungsrelationen für die Operatoren $A_\lambda{}^{\perp}$, $\left(\hat{A}_\lambda{}^{\perp}\right)^{+}$ ergeben sich wie in Abschn. 5.4 aus der Forderung, daß die Energie U der Eigenschwingung λ (s. Gl. (1.6.)) im Normierungsvolumen V (das wir wieder mit dem Volumen des nichtlinearen Mediums zu identifizieren haben) in Portionen der Größe $\hbar\omega_\lambda$ quantisiert ist, zu

$$\left[\hat{A}_\lambda{}^{\perp}, \left(\hat{A}_\lambda{}^{\perp}\right)^{+}\right] = \frac{2\pi\hbar\,\omega_\lambda v_\lambda^{\parallel}}{c\,n_\lambda V}\,\boldsymbol{1}. \tag{1.12}$$

---

[1]) Man beachte, daß in [36] unter E die Amplitude der Transversalkomponente nicht von $E^{(+)}$, sondern von E verstanden wird. Demzufolge ist die Größe E in [36] doppelt so groß wie die von uns benutzte Größe $E^{\perp}$. Dies ist bei einem Vergleich unserer Formeln (1.6) und (1.12) mit den entsprechenden Gln. in [36] zu berücksichtigen.

(Auf verschiedene Eigenschwingungen bezügliche Operatoren kommutieren.)

Erinnern wir uns, daß die Vertauschungsregel $[q, q^+] = \mathit{1}$ die Relationen

$$\langle m+1 \mid q^+ \mid m\rangle = \sqrt{m+1}, \quad \langle m-1 \mid q \mid m\rangle = \sqrt{m} \quad (1.13)$$

($|m\rangle$ Zustand definierter Photonenzahl m) impliziert [s. Gln. (2.28) und (2.29), Kapitel 5], so können wir aus Gl. (1.12) folgern, daß die nichtverschwindenden Matrixelemente der Operatoren $\hat{A}_\lambda{}^\perp$, $(\hat{A}_\lambda{}^\perp)^+$ gegeben sind durch

$$\langle m_\lambda + 1 \mid (\hat{A}_\lambda{}^\perp)^+ \mid m_\lambda\rangle = \sqrt{m_\lambda + 1} \sqrt{\frac{2\pi\hbar\,\omega_\lambda\, v_\lambda{}^\parallel}{c n_\lambda V}} \quad (1.14)$$

und

$$\langle m_\lambda - 1 \mid \hat{A}_\lambda{}^\perp \mid m_\lambda\rangle = \sqrt{m_\lambda} \sqrt{\frac{2\pi\hbar\,\omega_\lambda\, v_\lambda{}^\parallel}{c n_\lambda V}}. \quad (1.15)$$

Da zu erwarten ist, daß die Kohärenzeigenschaften der Pumpwelle für den spontanen Zerfall von Pump-Photonen bedeutungslos sind — explizit wurde das in [21] theoretisch gezeigt —, können wir die (für die Rechnung bequeme) Voraussetzung machen, daß sich im Anfangszeitpunkt $t = 0$ die Pumpwelle in dem Zustand $|m_3\rangle$ scharfer Photonenzahl befindet, während alle anderen Eigenschwingungen des Feldes nicht angeregt sind, also durch den Vakuumzustand repräsentiert werden.

Wir stellen uns vor, daß die Pumpwelle senkrecht auf eine Scheibe falle, deren Dicke l klein im Verhältnis zu den Querdimensionen sei. Im Innern der Scheibe hat der (anfängliche) Energiefluß der Pumpwelle die Größe

$$P_3 = \frac{m_3 \hbar\,\omega_3}{l}\, v_3 \quad (v_3 = |\boldsymbol{v}_3|), \quad (1.16)$$

und bei fehlender Reflexion an der Kristalloberfläche ist dies zugleich die von außen eingestrahlte Pumpleistung.

Da die Operatoren $\hat{A}_\lambda{}^\perp$, $(\hat{A}_\lambda{}^\perp)^+$ den Charakter von Photonenvernichtungs- bzw. -erzeugungsoperatoren haben (s. Gln. (1.14) und (1.15)), beschreibt der in Gl. (1.10) explizit aufgeschriebene Teil des Wechselwirkungsoperators H^W in der ersten Ordnung der Störungstheorie gerade die uns interessierenden Zerfallsprozesse vom Typ

$$|m_3, 0_\lambda, 0_{\lambda'}\rangle \to |m_3 - 1, 1_\lambda, 1_{\lambda'}\rangle, \tag{1.17}$$

bei denen also ein Pump-Photon vernichtet und dafür je ein Signal- und ein Idler-Quant erzeugt wird. Das für diesen Prozeß charakteristische Matrixelement von H^W ergibt sich nach Gln. (1.10) sowie (1.14) und (1.15) zu

$$\langle m_3 - 1,\ 1_\lambda, 1_{\lambda'}\ |H^W|\ m_3, 0_\lambda, 0_{\lambda'}\rangle$$

$$= -2V\tilde{\chi}F(\boldsymbol{k}_3 - \boldsymbol{k}_\lambda - \boldsymbol{k}_{\lambda'})\left(\frac{2\pi\hbar}{cV}\right)^{3/2}\sqrt{m_3}$$

$$\times\sqrt{\frac{\omega_\lambda\omega_{\lambda'}\omega_3 v_\lambda{}^{\|} v_{\lambda'}{}^{\|} v_3{}^{\|}}{n_\lambda n_{\lambda'} n_3}}. \tag{1.18}$$

Experimentell interessiert die — auf die Zeiteinheit bezogene — Übergangswahrscheinlichkeit W für einen solchen Prozeß, bei dem die (Kreis-)Frequenz der Signal- und Idler-Welle in einem definierten Intervall $\omega_1 \cdots \omega_1 + \Delta\omega_1$ bzw. $\omega_2 \cdots \omega_2 + \Delta\omega_2$ liegt und die Ausbreitung der Wellen in einer bestimmten Richtung $\boldsymbol{f}_1$ bzw. $\boldsymbol{f}_2$ (mit einem durch das Raumwinkelelement $\Delta\Omega_1$ bzw. $\Delta\Omega_2$ gekennzeichneten Spielraum) erfolgt. (Die Polarisationsrichtung der beiden Wellen denken wir uns ebenfalls fixiert.) Nach den bekannten Formeln der Störungstheorie (s. z. B. [54]) gilt dann

$$W = \frac{1}{t}\frac{1}{\hbar^2}\sum_{\lambda,\lambda'} |\langle m_3 - 1, 1_\lambda, 1_{\lambda'}|H^W|\, m_3, 0_\lambda, 0_{\lambda'}\rangle|^2$$

$$\times \frac{\sin^2 \frac{\omega_3 - \omega_\lambda - \omega_{\lambda'}}{2} t}{\left(\frac{\omega_3 - \omega_\lambda - \omega_{\lambda'}}{2}\right)^2}, \tag{1.19}$$

wobei die Summation über λ (hinsichtlich der Signalwelle) und λ' (bezüglich der Idler-Welle) über alle die Eigenschwingungen zu erstrecken ist, die mit den oben präzisierten Beobachtungsbedingungen verträglich sind.

Wandeln wir wie üblich die Summation über λ (und genauso λ') in eine Integration im $\boldsymbol{k}$-Raum um gemäß

$$\sum_\lambda \cdots \to \frac{V}{(2\pi)^3}\int \mathrm{d}^3\boldsymbol{k} \cdots = \frac{V}{(2\pi)^3}\int k^2\,\mathrm{d}k\,\mathrm{d}\Omega \cdots \tag{1.20}$$

(in jedem Volumenelement der Größe $(2\pi)^3/V$ liegt genau ein Endpunkt eines auf Grund der Periodizitätsbedingung [s. Abschn. *5.2*] erlaubten $\boldsymbol{k}$-Vektors), nehmen die bekannte — für große Zeiten in guter Näherung gültige — Ersetzung

$$\frac{\sin^2 \frac{\omega_3 - \omega_\lambda - \omega_{\lambda'}}{2} t}{\left(\frac{\omega_3 - \omega_\lambda - \omega_{\lambda'}}{2}\right)^2} \approx 2\pi t\,\delta(\omega_3 - \omega_\lambda - \omega_{\lambda'}) \tag{1.21}$$

vor und machen schließlich Gebrauch von Gl. (1.18), so erhalten wir aus Gl. (1.19)

$$W = \frac{V^2}{(2\pi)^6}\int R\,\mathrm{d}^3\boldsymbol{k}_1\,\mathrm{d}^3\boldsymbol{k}_2 \tag{1.22}$$

mit

$$R = \frac{4\,(2\pi)^4\,\tilde{\chi}^2\,|F(\boldsymbol{k}_3 - \boldsymbol{k}_1 - \boldsymbol{k}_2)|^2\,\hbar\,m_3\,\omega_1\omega_2\omega_3\,v_1^{\|}v_2^{\|}v_3^{\|}}{c^3 V\,n_1 n_2 n_3} \times \delta\,(\omega_3 - \omega_1 - \omega_2) \tag{1.23}$$

oder, unter Verwendung von Gl. (1.16),

$$R = \frac{2^6\pi^4\tilde{\chi}^2|\,F(\boldsymbol{k}_3 - \boldsymbol{k}_1 - \boldsymbol{k}_2)\,|^2\,\omega_1\omega_2\,v_1^{\|}v_2^{\|}v_3^{\|}}{c^3\,V\,n_1 n_2 n_3 v_3} \times l P_3\,\delta(\omega_3 - \omega_1 - \omega_2)\,. \tag{1.24}$$

Der Wert von $F(\boldsymbol{k}_3 - \boldsymbol{k}_1 - \boldsymbol{k}_2)$ berechnet sich nach Gl. (1.2), wenn wir die Grundfläche der Scheibe als quadratisch mit der Kantenlänge L annehmen und das Koordinatensystem so legen, daß diese Kanten richtungsmäßig mit der x- bzw. y-Achse zusammenfallen (so daß die Einstrahlung der Pumpwelle also in z-Richtung erfolgt), zu

$$F(\boldsymbol{k}_3 - \boldsymbol{k}_1 - \boldsymbol{k}_2) = \frac{e^{-i(k_1^{(x)} + k_2^{(x)})\frac{L}{2}} - e^{i(k_1^{(x)} + k_2^{(x)})\frac{L}{2}}}{-i\,(k_1^{(x)} + k_2^{(x)}\,\boldsymbol{k})\,L} \times \frac{e^{-i(k_1^{(y)} + k_2^{(y)})\frac{L}{2}} - e^{i(k_1^{(y)} + k_2^{(y)})\frac{L}{2}}}{-i\,(k_1^{(y)} + k_2^{(y)})\,L} \times \frac{e^{i\Delta k_z l} - 1}{i\Delta k_z l} \tag{1.25}$$

mit $k_j^{(x)}$ als x-Komponente des Vektors $\boldsymbol{k}_j$ $(j = 1, 2)$ usf. und der Abkürzung

$$\Delta k_z \equiv k_3 - k_1^{(z)} - k_2^{(z)}. \tag{1.26}$$

Aus Gl. (1.25) folgt unter Verwendung der bekannten Hilfsformel

$$1 - \cos\alpha = 2\sin^2\frac{\alpha}{2} \tag{1.27}$$

die Relation

$$V\,|\,F(\boldsymbol{k}_3-\boldsymbol{k}_1-\boldsymbol{k}_2)\,|^2=\frac{\sin^2\left([k_1^{(x)}+k_2^{(x)}]\,\frac{L}{2}\right)}{\left(\frac{k_1^{(x)}+k_2^{(x)}}{2}\right)^2 L}$$

$$\times\frac{\sin^2\left([k_1^{(y)}+k_2^{(y)}]\,\frac{L}{2}\right)}{\left(\frac{k_1^{(y)}+k_2^{(y)}}{2}\right)^2 L}$$

$$\times\frac{\sin^2\left(\varDelta k_z\,\frac{l}{2}\right)}{\left(\frac{\varDelta k_z}{2}\right)^2 l}\qquad (V=L^2 l) \tag{1.28}$$

oder, wenn wir den Limes $L\to\infty$ ausführen (s. Gl. (1.21)),

$$V\,|F(\boldsymbol{k}_3-\boldsymbol{k}_1-\boldsymbol{k}_2)|^2=\frac{(2\pi)^2}{l}\,\delta\,(k_1^{(x)}+k_2^{(x)})\,\delta\,(k_1^{(y)}+k_2^{(y)})$$

$$\times\frac{\sin^2\left(\varDelta k_z\,\frac{l}{2}\right)}{\left(\frac{\varDelta k_z}{2}\right)^2}\,. \tag{1.29}$$

Die Größe R (Gl. (1.24)) enthält dann also drei Delta-Funktionen; durch die Integration über den Wellenzahlvektor $\boldsymbol{k}_2$ der Idler-Welle in Gl. (1.22) entsteht somit bereits eine glatte Funktion, so daß wir die $\boldsymbol{k}_1$-Integration in Gl. (1.22) durch eine Multiplikation mit dem entsprechenden (als klein vorausgesetzten) Volumenelement ersetzen können; aus Gl. (1.22) wird so

$$W=\frac{V^2}{(2\pi)^6}\,k_1^2\,\varDelta k_1\,\varDelta\Omega_1\int R\,\mathrm{d}^3\boldsymbol{k}_2\,. \tag{1.30}$$

Wir drücken noch Δk_1 durch die Frequenzbreite $\Delta \omega_1$ aus. Dazu gehen wir auf die Definitionsgleichung (1.5) für die Gruppengeschwindigkeit zurück, aus der für eine differentielle Änderung von ω und $\boldsymbol{k}$ der Zusammenhang

$$\delta\omega = \boldsymbol{v}\,\delta\boldsymbol{k} \tag{1.31}$$

folgt. Betrachten wir speziell eine reine Längenänderung von $\boldsymbol{k}$

$$\delta\boldsymbol{k} = \boldsymbol{f}\,\delta k, \tag{1.32}$$

so lautet Gl. (1.31)

$$\delta\omega = v^{\|}\,\delta k \tag{1.33}$$

d. h., es gilt

$$\Delta k_1 = \frac{\Delta\omega_1}{v_1^{\|}}. \tag{1.34}$$

Damit können wir (unter Beachtung von Gl. (1.3)) an Stelle von Gl. (1.30) schließlich schreiben

$$W = \frac{V^2}{(2\pi)^6}\,\frac{\omega_1{}^2 n_1{}^2}{c^2 v_1{}^{\|}}\,\Delta\omega_1\,\Delta\Omega_1 \int R\,\mathrm{d}^3\boldsymbol{k}_2. \tag{1.35}$$

Wir denken uns das Experiment so ausgeführt, daß die in einen bestimmten (Raum-)Winkel und Frequenzbereich emittierte Strahlung definierter Polarisation registriert wird. Bezeichnen wir diese Strahlung als Signalwelle, so wird also auf eine Beobachtung der Idler-Welle verzichtet (andernfalls müßten simultane Beobachtungen bei verschiedenen — hinsichtlich der Pumpfrequenz zueinander komplementären — Frequenzen vorgenommen werden). Demzufolge ist die Integration über $\boldsymbol{k}_2$ in Gl. (1.35) grundsätzlich über den gesamten $\boldsymbol{k}_2$-Raum zu erstrecken; die Delta-Funktionen in R reduzieren den effektiven Integrationsbereich allerdings auf die Umgebung eines Punktes im $\boldsymbol{k}_2$-Raum.

Dieser Punkt ist nach Gln. (1.24) und (1.29) durch das gleichzeitige Bestehen der Gleichungen

$$k_1^{(x)} + k_2^{(x)} = 0\,, \; k_1^{(y)} + k_2^{(y)} = 0 \tag{1.36}$$

sowie

$$\omega_2 = \omega_3 - \omega_1 \tag{1.37}$$

gekennzeichnet.

Wir veranschaulichen uns die Verhältnisse geometrisch, indem wir vom Endpunkt des Vektors $\boldsymbol{k}_1$ aus alle Vektoren $\boldsymbol{k}_2$ auftragen, die zur festen Frequenz $\omega_2 = \omega_3 - \omega_1$ gehören. Die Endpunkte dieser Vektoren $\boldsymbol{k}_2$ definieren dann eine Fläche S. (In Abb. 12 ist deren

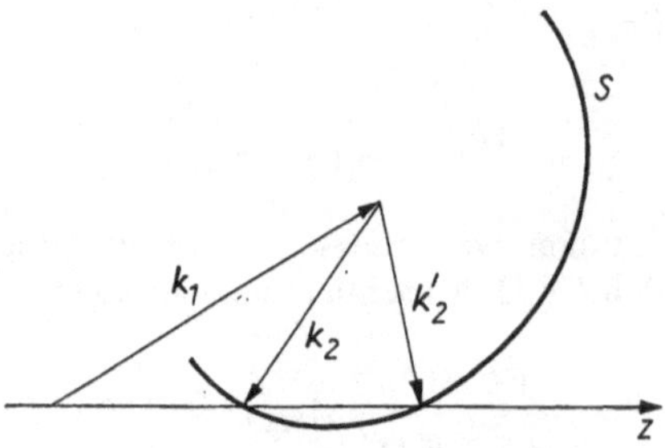

Abb. 12. Geometrische Bestimmung der zur Signalwelle $\boldsymbol{k}_1$ gehörigen Idler-Wellen $\boldsymbol{k}_2$ und $\boldsymbol{k}_2'$. (Nach [36].)

Schnitt mit der von $\boldsymbol{k}_1$ und der z-Achse aufgespannten Ebene dargestellt.) Nach Gl. (1.36) muß der Vektor $\boldsymbol{k}_1 + \boldsymbol{k}_2$ in die z-Richtung zeigen, das bedeutet, die Schnittpunkte von S mit der z-Achse definieren die gesuchten Vektoren $\boldsymbol{k}_2$ (die Ausbreitungsvektoren der nichtbeobachteten — zur registrierten Signalwelle gehörenden — Idler-Strahlung).

Es gibt nun offenbar die folgenden drei Möglichkeiten:

a) Es treten, wie in Abb. 12 veranschaulicht, zwei Schnittpunkte auf, die normalerweise verschiedenen Werten von $|\Delta k_z|$ entsprechen. Da die Übergangswahrscheinlichkeit gemäß Gln. (1.22), (1.23) und (1.29) mit wachsendem $|\Delta k_z|$ abnimmt, kann man sich i. a. auf den Schnittpunkt mit dem kleineren Wert von $|\Delta k_z|$ beschränken.

b) Die Fläche S berührt die z-Achse, die beiden Schnittpunkte fallen also zusammen (s. Abb. 13).

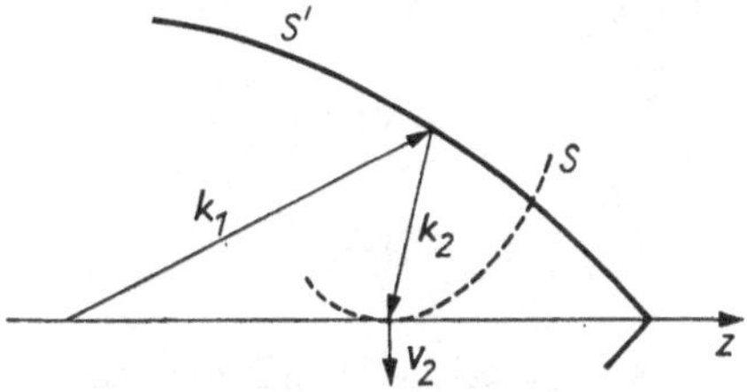

Abb. 13. Ausstrahlung bei der Grenzfrequenz. (Nach [36].)

c) Es gibt überhaupt keinen Schnittpunkt.

Wir wollen den Fall b) etwas genauer betrachten. Durch ihn wird der maximale Wert von ω_1 festgelegt, der in einer bestimmten $\boldsymbol{k}_1$-Richtung beobachtet werden kann. (Genau gesprochen erfolgt die Beobachtung in der Strahlrichtung, von der man aber leicht auf die Ausbreitungsrichtung umrechnen kann.) In der Tat gelangt man durch Vergrößerung von k_1 — bei festgehaltener Richtung — von b) zu c), weil der Endpunkt von $\boldsymbol{k}_1$ dann weiter von der z-Achse abrückt und sich — da $\omega_2 = \omega_3 - \omega_1$ abnimmt — gleichzeitig die Fläche S „kontrahiert". Die Endpunkte der dem Fall b) entsprechenden $\boldsymbol{k}_1$-Vektoren definieren also eine Fläche S', welche die in einer vorgegebenen Richtung beobachtbare Maximalfrequenz charakterisiert.

Da die Gruppengeschwindigkeit $\boldsymbol{v}$ definitionsgemäß senkrecht auf einer Fläche $\omega(\boldsymbol{k}) = \text{const}$ steht (s. Gl. (1.5)), ist die Gruppengeschwindigkeit $\boldsymbol{v}_2$ der Idler-Welle im Fall b) normal zur z-Richtung orientiert, d. h., es gilt

$$v_2^{(z)} = 0 \qquad \text{für den Fall b).} \qquad (1.38)$$

Wir führen nun die $\boldsymbol{k}_2$-Integration in Gl. (1.35) im Fall a) aus. Wir wandeln dazu die $k_2^{(z)}$-Integration gemäß der aus Gl. (1.31) folgenden Beziehung

$$\mathrm{d}\omega_2 = v_2^{(z)}\,\mathrm{d}k_2^{(z)} \quad (k_2^{(x)} \text{ und } k_2^{(y)} \text{ fest}) \tag{1.39}$$

in eine Integration über ω_2 um und finden gemäß Gln. (1.35), (1.24) und (1.29) das Ergebnis

$$W = \frac{4\bar{\chi}^2 n_1 v_2^{\|} v_3^{\|} \omega_1^3 \omega_2}{n_2 n_3\, |v_2^{(z)}|\, v_3 c^5} \, \frac{\sin^2\left(\Delta k_z \dfrac{l}{2}\right)}{\left(\dfrac{\Delta k_z}{2}\right)^2} P_3 \,\Delta\omega_1 \,\Delta\Omega_1 . \tag{1.40}$$

Der Index 2 bezieht sich dabei auf den durch Gln. (1.36) und (1.37) festgelegten, zum kleineren Wert von $|\Delta k_z|$ gehörigen Wellenzahlvektor $\boldsymbol{k}_2$ der Idler-Welle. (Genaugenommen besteht W aus zwei Anteilen vom Typ (1.40), die den beiden möglichen Polarisationsrichtungen entsprechen.)

Aus Gl. (1.40) ergibt sich die pro sec in das Frequenzintervall $\omega_1 \cdots \omega_1 + \Delta\omega_1$ und die Richtung $\boldsymbol{k}_1/k_1$ mit dem Spielraum $\Delta\Omega_1$ emittierte (einer bestimmten Polarisationsrichtung entsprechende) Energie durch Multiplikation mit der Energie $\hbar\omega_1$ eines einzelnen Photons zu

$$\Delta P_1 = \frac{4\hbar\bar{\chi}^2 n_1 v_2^{\|} v_3^{\|} \omega_1^4 \omega_2}{n_2 n_3\, |v_2^{(z)}|\, v_3 c^5} \, \frac{\sin^2\left(\Delta k_z \dfrac{l}{2}\right)}{\left(\dfrac{\Delta k_z}{2}\right)^2} P_3 \,\Delta\omega_1 \,\Delta\Omega_1 . \tag{1.41}$$

Da der Ausdruck (1.40) bzw. (1.41) einerseits von den Querdimensionen des Kristalls unabhängig und andererseits proportional zum Gesamt-Energiestrom der Pumpwelle ist, können wir den Schluß ziehen, daß eine Fokussierung der letzteren keine Vergrößerung der Ausstrahlungsleistung mit sich bringt. (Der Energiegewinn im

Fokusbereich wird durch die entsprechende Verkleinerung des strahlenden Volumens gerade kompensiert.) Hierin besteht ein deutlicher Unterschied zur Harmonischenerzeugung und parametrischen Oszillation (s. Abschn. 6.4 und 7.3), der offenbar dadurch bedingt ist, daß in den letzten beiden Fällen die erzeugte Strahlung induzierend auf den Prozeß zurückwirkt und diese Rückkopplung mit zunehmender Fokussierung der Pumpwelle (bei festgehaltenen Werten der anderen Parameter wie Resonatorgüte usf.) immer stärker wird.

9.2. Die Eigenschaften der Strahlung

Die Ausstrahlungsleistung (1.41) ist offensichtlich maximal für den Fall genauer Phasenanpassung in z-Richtung, i. e.

$$\Delta k_z \equiv k_3 - k_1^{(z)} - k_2^{(z)} = 0 \tag{2.1}$$

[s. Gl. (1.26)]. (In x- und y-Richtung haben wir die Phasenanpassungsbedingung durch Gln. (1.36) bereits exakt erfüllt.)

Gl. (2.1) beschränkt dann die möglichen Wellenzahlvektoren der Signalwelle auf eine zweidimensionale Mannigfaltigkeit; die Endpunkte dieser Vektoren liegen auf einer Fläche S'', wie sie für einen typischen Fall in Abb. 14 im Schnitt dargestellt ist. Die so ausgezeichneten Vektoren $\boldsymbol{k}_1$ repräsentieren solche Wellen, die — frequenzmäßig gesehen — in Form relativ scharfer Linien emittiert werden, während die unter Verletzung der Phasenanpassungsbedingung ablaufenden Prozesse nur einen Rauschuntergrund liefern, von dem wir zunächst absehen wollen. Aus Abb. 14 ist ersichtlich, daß die Emission abbricht, wenn der Winkel zwischen der Ausbreitungsrichtung der Pumpwelle und der Beobachtungsrichtung einen kritischen Wert überschreitet. Die Ausbreitungsrichtungen des Fluoreszenzlichts liegen also innerhalb eines Kegels, und zwar treten, wie Abb. 14 lehrt, im Fall $\omega_1 > \omega_2$ in jeder derartigen Richtung (abgesehen vom Kegelrand!) jeweils zwei verschiedene Frequenzen in Erscheinung. (Außerdem gibt es noch eine Ausstrahlung mit einer Frequenz $\omega_1 < \omega_2$.)

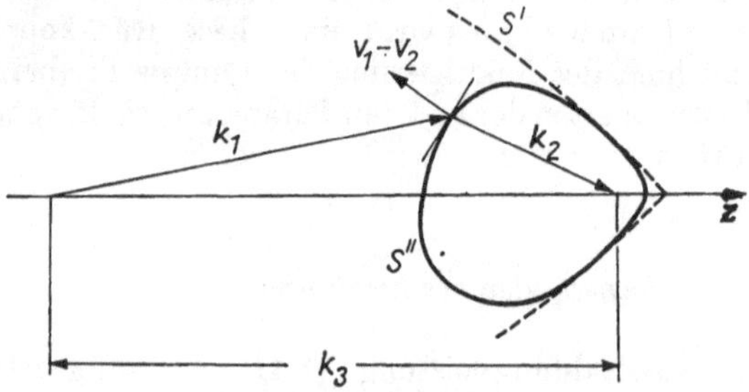

Abb. 14. Ausstrahlung unter Erfüllung der Phasenanpassungsbedingung für den Fall $\omega_1 > \omega_2$. (Für $\omega_1 < \omega_2$ ergibt sich eine weitere, den Ursprung des Koordinatensystems umschließende Fläche S''.) (Nach [36].)

Wir berechnen nun die in ein Raumwinkelelement $\Delta\,\Omega_1$ pro Zeiteinheit ausgestrahlte Energie einer Emissionslinie, integrieren also Gl. (1.41) über ω_1 in der Nachbarschaft einer solchen Signalfrequenz, für welche genaue Phasenanpassung vorliegt. Offenbar ist es dazu zweckmäßig, statt ω_1 die Größe $\Delta\,k_z$ (als Funktion von ω_1) als Integrationsvariable zu benutzen. Bei der Umrechnung der betreffenden Differentiale tritt dann der Faktor $\partial\,(\Delta\,k_z)/\partial\,\omega_1$ auf, zu dessen Berechnung wir zunächst eine für eine Fläche $\Delta\,k_z = \text{const}$ charakteristische Relation herleiten.

Es gelte also

$$\Delta\,k_z \equiv k_3 - k_1^{(z)} - k_2^{(z)} = \text{const} \tag{2.2}$$

zusammen mit Gl. (1.37), aus der wir — da wir die Pumpfrequenz als konstant voraussetzen — folgern

$$0 = \mathrm{d}\,\omega_3 = \mathrm{d}\,\omega_1 + \mathrm{d}\,\omega_2 \tag{2.3}$$

oder, unter Beachtung von Gl. (1.5),

$$\boldsymbol{v}_1 \,\mathrm{d}\boldsymbol{k}_1 + \boldsymbol{v}_2 \,\mathrm{d}\boldsymbol{k}_2 = 0 . \tag{2.4}$$

Drücken wir hier die Größen $\mathrm{d}k_2^{(x)}$, $\mathrm{d}\,k_2^{(y)}$ und $\mathrm{d}\,k_2^{(z)}$ vermöge Gln. (1.36) sowie der aus Gl. (2.2) folgenden Beziehung

$$\mathrm{d}\,(\varDelta k_z) = -\mathrm{d}\,k_1^{(z)} - \mathrm{d}\,k_2^{(z)} \tag{2.5}$$

durch $\mathrm{d}\,k_1^{(x)}$, $\mathrm{d}\,k_1^{(y)}$, $\mathrm{d}\,k_1^{(z)}$ und $\mathrm{d}\,(\varDelta k_z)$ aus, so entsteht die Relation

$$v_2^{(z)}\,\mathrm{d}\,(\varDelta k_z) = (\boldsymbol{v}_1 - \boldsymbol{v}_2)\,\mathrm{d}\boldsymbol{k}_1 . \tag{2.6}$$

Da andererseits — fassen wir $\varDelta k_z$ als Funktion von $\boldsymbol{k}_1$ auf — gilt

$$\mathrm{d}\,(\varDelta k_z) = \boldsymbol{grad}_{\boldsymbol{k}_1}(\varDelta k_z)\,\mathrm{d}\,\boldsymbol{k}_1 , \tag{2.7}$$

schließen wir aus Gl. (2.6), daß der Vektor $\boldsymbol{v}_1 - \boldsymbol{v}_2$ richtungsmäßig mit dem Gradienten von $\varDelta k_z$ übereinstimmt, also (wie dieser) senkrecht auf einer Fläche $\varDelta k_z = \mathrm{const}$ und damit im besonderen auf der uns interessierenden Fläche $\varDelta k_z = 0$ steht.

Aus Gl. (2.6) ergibt sich nun der gesuchte Differentialquotient $\partial(\varDelta k_z)/\partial\omega_1$ dadurch, daß wir $\mathrm{d}\boldsymbol{k}_1$ zu einer reinen Längenänderung

$$\mathrm{d}\boldsymbol{k}_1 = \boldsymbol{f}_1\,\mathrm{d}k_1 = \boldsymbol{f}_1\,\frac{\mathrm{d}\,\omega_1}{v_1^{\parallel}} \tag{2.8}$$

(s. Gl. (1.34)) spezialisieren, zu

$$\frac{\partial\,(\varDelta k_z)}{\partial\,\omega_1} = \frac{\boldsymbol{f}_1(\boldsymbol{v}_1 - \boldsymbol{v}_2)}{v_1^{\parallel} v_2^{(z)}} . \tag{2.9}$$

Damit finden wir aus Gl. (1.41) für die Strahlungsleistung einer Emissionslinie, indem wir dort den Faktor $\sin^2\left(\varDelta k_z\,\frac{l}{2}\right)\Big/\left(\frac{\varDelta k_z}{2}\right)^2$ über $\varDelta k_z$ von $-\infty$ bis $+\infty$ integrieren (was in guter Näherung zulässig ist, da der Integrand nur in der Nachbarschaft von $\Delta k_z = 0$ merklich von Null verschieden ist), den Ausdruck

$$\Delta P_1^{\text{tot}} = \frac{8\pi\,\hbar\,\tilde{\chi}^2\,n_1 v_1^{\|} v_2^{\|} v_3^{\|} \omega_1^4 \omega_2}{n_2 n_3 c^5 |\boldsymbol{f}_1(\boldsymbol{v}_1 - \boldsymbol{v}_2)|\,v_3}\, l\, P_3\, \Delta\Omega_1. \tag{2.10}$$

(Der numerische Wert des Integrals ergibt sich dabei am einfachsten unter Verwendung der Beziehung (1.21).)

Als Maß für die effektive Linienbreite $\delta\omega$ der Strahlung verwenden wir den doppelten Wert des Abstands zwischen der ($\Delta k_z = 0$ entsprechenden) Zentralfrequenz und derjenigen Frequenz, bei der die Funktion $\sin^2\left(\Delta k_z \frac{l}{2}\right)\Big/\left(\frac{\Delta k_z}{2}\right)^2$ das erste Nebenmaximum zeigt. Letzteres tritt auf für

$$\Delta k_z = \frac{\pi}{l}, \tag{2.11}$$

so daß der fragliche Frequenzabstand nach Gl. (2.9) lautet

$$\Delta\omega_1 = \frac{v_1^{\|}\,|v_2^{(z)}|}{|\boldsymbol{f}_1(\boldsymbol{v}_1 - \boldsymbol{v}_2)|}\,\Delta k_z = \frac{v_1^{\|}\,|v_2^{(z)}|}{|\boldsymbol{f}_1(\boldsymbol{v}_1 - \boldsymbol{v}_2)|}\,\frac{\pi}{l} \tag{2.12}$$

und die Linienbreite $\delta\omega$ also gegeben ist durch

$$\delta\omega = \frac{2\pi\,v_1^{\|}\,|v_2^{(z)}|}{|\boldsymbol{f}_1(\boldsymbol{v}_1 - \boldsymbol{v}_2)|\,l}. \tag{2.13}$$

Die spektrale Leistungsdichte der Strahlung (pro Einheit des Raumwinkelelements) ergibt sich somit aus Gl. (2.10) zu

$$\frac{\Delta P_1^{\text{tot}}}{\delta\omega\,\Delta\Omega_1} = \frac{4\hbar\,\tilde{\chi}^2\,n_1 v_2^{\|} v_3^{\|} \omega_1^4 \omega_2}{n_2 n_3 c^5 v_3\,|v_2^{(z)}|}\, l^2 P_3. \tag{2.14}$$

Interessant ist die Abhängigkeit der Größen (2.10), (2.13) und (2.14) von der Dicke l des durchstrahlten Kristalls: Mit größer werdendem l wächst die gesamte Strahlungsleistung ΔP_1^{tot} linear an. Andererseits fällt die Linienbreite $\delta\omega$ wie l^{-1} ab; die Phasenanpassungsbedingung hat damit eine um so einschneidendere selektive Wirkung, je länger der im Kristall durchlaufene Weg ist. Diese beiden Effekte haben dann zur Folge, daß die spektrale Leistungsdichte der Strahlung quadratisch mit l ansteigt.

Das Auftreten der Größe $\boldsymbol{f}_1(\boldsymbol{v}_1 - \boldsymbol{v}_2)$ in den Ausdrücken (2.10) und (2.13) bringt eine Besonderheit des Emissionsprozesses zum Ausdruck, die dann in Erscheinung tritt, wenn der Vektor $\boldsymbol{k}_1$ die Fläche S'', auf der $\Delta k_z = 0$ gilt, gerade berührt. Da, wie wir im Anschluß an Gl. (2.7) bemerkten, der Vektor $\boldsymbol{v}_1 - \boldsymbol{v}_2$ senkrecht zur Fläche S'' steht, verschwindet nämlich in diesem Fall das Skalarprodukt $\boldsymbol{f}_1(\boldsymbol{v}_1 - \boldsymbol{v}_2)$, und die Größen (2.10) und (2.13) divergieren formal. Man kann daraus jedenfalls den Schluß ziehen, daß sowohl die Gesamtleistung ΔP_1^{tot} der Strahlung als auch ihre Linienbreite stark anwachsen, wenn sich die Ausbreitungsrichtung dem Kegel nähert, der die mit der Phasenanpassungsbedingung verträglichen $\boldsymbol{k}_1$-Richtungen begrenzt. Eine genauere Rechnung [36] führt zu der Aussage, daß auf diesem Kegel ΔP_1^{tot} mit $l^{3/2}$ (statt l) anwächst und $\delta\omega$ mit $l^{-1/2}$ (statt l^{-1}) abfällt.

Fassen wir unsere Ergebnisse zusammen, so können wir also die folgenden charakteristischen Eigenschaften des parametrischen Fluoreszenzlichts notieren:

1. Die Emission erfolgt, was die Frequenz betrifft, in relativ schmalen Linien.

2. Die entsprechende Zentralfrequenz ändert sich mit der Beobachtungsrichtung; bei Überschreiten eines bestimmten Winkels zwischen den Ausbreitungsrichtungen von Pump- und Signalwelle bricht die Emission überhaupt ab. Diese Richtungsabhängigkeit bietet die

Grundlage für eine kontinuierliche frequenzmäßige Durchstimmung des optischen parametrischen Oszillators durch Drehen des Kristalls.

3. Die Ausstrahlung ist kurz vor dem Abbrechen besonders intensiv.

9.3. Die Untergrundstrahlung

Wir wollen zum Schluß dieses Kapitels noch ein paar Worte über diejenigen Prozesse sagen, bei denen die Phasenanpassungsbedingung (2.1) merklich verletzt ist. Die dabei emittierte Strahlung ist im Vergleich zu den im vorhergehenden Abschnitt untersuchten Linien sehr intensitätsschwach, aber doch grundsätzlich vorhanden (s. Gl. (1.41)).

Über die Eigenschaften dieser Untergrundstrahlung lassen sich nach den Überlegungen in Abschn. 9.1 die folgenden Aussagen machen:

1. Es gibt keine Richtungsbegrenzung für die Emission; vielmehr wird in jede Richtung Licht emittiert.
2. In einer vorgegebenen Ausbreitungsrichtung wird das Spektrum durch einen (richtungsabhängigen) Maximalwert $\omega_1^{\max}$ der Frequenz begrenzt.
3. Wegen des Faktors ω_1^4 im Zähler von Gl. (1.41) werden höhere Frequenzen mit größerer Intensität ausgestrahlt als niedrigere.
4. Bei Annäherung an die Maximalfrequenz $\omega_1^{\max}$ steigt die Intensität steil an. (Siehe Abb. 15, wo die unter vereinfachenden Annahmen berechneten Kurven der spektralen Strahlungsleistung dargestellt sind.)

Die letztgenannte Eigenschaft der Untergrundstrahlung folgt aus der Tatsache, daß die Ausstrahlungsleistung nach Gl. (1.41) umgekehrt proportional zu $|v_2^{(z)}|$ ist und diese Größe, wie in Abschn. 9.1 bemerkt [s. Gl. (1.38)], für einen Prozeß verschwindet, bei dem die Maximalfrequenz emittiert wird. Die in Rede stehende

Singularität der Leistung (1.41) tritt nicht auf, wenn die Ausbreitungsrichtungen von Signal- und Pumpwelle zusammenfallen. Nach Gln. (1.36) ist die Wechselwirkung

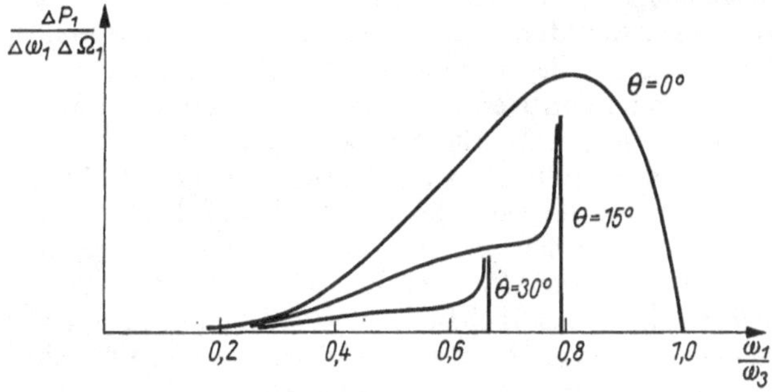

Abb. 15. Frequenzspektrum der Untergrundstrahlung in verschiedenen Beobachtungsrichtungen für ein einfaches Modell [36]. Θ bezeichnet den Winkel zwischen den Ausbreitungsrichtungen von Signal- und Pumpwelle. (Nach [36].)

dann kollinear, es stimmen demzufolge $v_2^{||}$ und $v_2^{(z)}$ überein, so daß sich der Faktor $|v_2^{(z)}|$ im Nenner von Gl. (1.41) wegkürzt. Weiterhin ist in diesem Fall die Maximalfrequenz mit der Pumpfrequenz identisch, so daß der Faktor ω_2 im Zähler von Gl. (1.41) bei Annäherung an die Maximalfrequenz gegen Null geht. Das gleiche gilt dann auch für die Intensität.

10. Wechselwirkung zwischen Lichtwellen und Gitterschwingungen

10.1. Grundsätzliches

Wir wollen uns nun mit solchen Prozessen beschäftigen, bei denen das von außen mit Licht bestrahlte Medium — energetisch gesehen — eine aktive Rolle spielt, nämlich Energie aufnimmt (oder abgibt), wodurch es zu einer

Frequenzverschiebung des Lichts (zur Erzeugung einer Lichtwelle mit veränderter Frequenz) kommt. Generell läßt sich über den dabei wirksamen Wechselwirkungsmechanismus folgendes sagen: Die Lichtwellen beeinflussen auf direktem Weg praktisch nur die Elektronen, nicht dagegen die Atomkerne. Auf Grund ihrer — im Verhältnis zu den Kernen — wesentlich kleineren Masse sind nämlich nur die Elektronen in der Lage, der hochfrequenten Oszillation der elektrischen Feldstärke zu folgen. Anders ausgedrückt, nur die den Elektronenübergängen entsprechenden Atomfrequenzen sind vergleichbar mit optischen Frequenzen, während die Eigenfrequenzen der Molekül- bzw. Gitterschwingungen sehr viel kleiner sind. Da andererseits die Wellenlänge im optischen Bereich noch groß gegenüber den Atom- bzw. Moleküldimensionen ist, erfahren alle Elektronen eines Moleküls die gleiche Kraft, d. h., die Elektronen„wolke“ eines Moleküls schwingt unter der Einwirkung des Lichtes als Ganzes.

Die Bewegung der Elektronen hat nun ihrerseits wieder eine Rückwirkung auf die Kernbewegung. (Siehe hierzu auch [29], wo eine quantenmechanische Behandlung der Raman-Streuung gegeben wird.) Dies wird verständlich, wenn wir uns an die Konzeption der Gitterschwingungen erinnern (s. z. B. [39]). In der sogenannten adiabatischen Näherung gewinnt man aus der Schrödinger-Gleichung für das aus allen Elektronen und Kernen des gesamten Kristalls bestehende System auf folgende Weise eine Schrödinger-Gleichung für die Kernbewegung allein. Man denke sich bei festgehaltenen Werten der Kernkoordinaten die Schrödinger-Gleichung für die Elektronen gelöst; man erhält so Energie-Eigenfunktionen $\Psi_\alpha^{\mathrm{El}}$ für das Elektronensystem, in welche die Kernkoordinaten als zusätzliche Parameter eingehen ($\Psi_\alpha^{\mathrm{El}} = \Psi_\alpha^{\mathrm{El}} (\boldsymbol{r}_1, \boldsymbol{r}_2, \ldots; \boldsymbol{R}_1, \boldsymbol{R}_2, \ldots)$ mit $\boldsymbol{r}_i$, $\boldsymbol{R}_j$ als Ortsvektor des i-ten Elektrons bzw. des j-ten Kerns). Nun macht man die Annahme, daß sich das Elektronensystem (für jede Lage der Kerne) im Grundzustand Ψ_0^{El}

befindet; man kann dann in der SCHRÖDINGER-Gleichung für das Gesamtsystem: Elektronen + Kerne über die Elektronenkoordinaten gemäß der Wellenfunktion Ψ_0^{El} mitteln. (Genau gesprochen bildet man den quantenmechanischen Erwartungswert dieser SCHRÖDINGER-Gleichung bezüglich des Zustands Ψ_0^{El}.) Es entsteht so eine SCHRÖDINGER-Gleichung für die Atomkerne allein, deren HAMILTON-Operator H^{K} sich als Summe der (quantisierten) kinetischen Energie T^{K} der Kerne und einer nur von den Kernkoordinaten abhängigen potentiellen Energie V_{pot} darstellen läßt. Letztere beschreibt eine effektive Wechselwirkung zwischen den Kernen, die (abgesehen von dem Beitrag der direkten COULOMB-Wechselwirkung zwischen den Kernen) durch die Elektronen — über die COULOMB-Wechselwirkung zwischen Elektronen und Kernen — „vermittelt" wird. Entwickelt man V_{pot} nach den Auslenkungen $\boldsymbol{s}_j$ der Kerne aus ihren Gleichgewichtslagen $\boldsymbol{R}_j^{(0)}$ und beschränkt sich auf die in $\boldsymbol{s}_j$ quadratischen Glieder (lineare Terme können nicht vorkommen, da es sich sonst um keine Gleichgewichtslage handelte), so beschreibt der HAMILTON-Operator H^{K} (bzw. die zugehörige klassische HAMILTON-Funktion) offenbar harmonische Schwingungen der Kerne um die Gleichgewichtslagen, die sogenannten Gitterschwingungen. (Näheres hierzu s. Abschn. 10.2.)

Wesentlich ist nun, daß in die potentielle Energie V_{pot} der Kerne auch die kinetische Energie der Elektronen (in Form des quantenmechanischen Erwartungswerts dieser Größe) eingeht — V_{pot} ist nämlich nichts anderes als der (von den Kernkoordinaten $\boldsymbol{R}_j$ abhängige) zu Ψ_0^{El} gehörige Eigenwert der Elektronenenergie (s. [39]). Damit hängt die Größe V_{pot} grundsätzlich vom Bewegungszustand der Elektronen ab. Falls sich das Elektronensystem in einem angeregten Zustand $\Psi_\alpha^{\mathrm{El}}(\alpha \neq 0)$ befindet, liefert die obige Mitteilung über die Elektronenkoordinaten einen anderen Verlauf von V_{pot} als im Fall des Elektronenzustands Ψ_0^{El}. Wir wollen diese Gedanken nicht weiter verfolgen, es kommt uns an dieser Stelle nur darauf an, einsichtig zu machen, daß sich eine Änderung des Elektronenzustandes auch auf die Kernbewegung auswirkt. In Abschn. 10.3 werden wir eine einfachere, mehr phänomenologische Beschreibung dieser Kopplung zwischen Elektronen- und Kernbewegung geben. Zuvor wollen wir uns die bekannten Eigenschaften der (ungestörten) Gitterschwingungen ins Gedächtnis zurückrufen.

10.2. Gitterschwingungen

Nach den obigen Ausführungen bewegen sich die Kerne (bei Beschränkung auf kleine Auslenkungen $\boldsymbol{s}_j$ aus der Gleichgewichtslage) in einem Potential, das quadratisch von den Auslenkungen abhängt. Die Bewegungsformen können daher durch sogenannte Normalschwingungen vom Typ linear polarisierter laufender ebener Wellen

$$\boldsymbol{s}_j = \boldsymbol{s}(\boldsymbol{k})\, e^{i(\boldsymbol{k}\boldsymbol{R}_j^{(0)} - \omega(\boldsymbol{k})t)} \qquad (2.1)$$

gekennzeichnet werden. (Jede beliebige Bewegung läßt sich als eine Superposition derartiger Normalschwingungen auffassen.) Die hierbei auftretenden Vektoren $\boldsymbol{k}$ durchlaufen — denken wir an einen Kristall endlicher Ausdehnung — eine diskrete endliche Mannigfaltigkeit von Vektoren. Die Zahl der voneinander unabhängigen Schwingungsformen ist ja gegeben durch die Zahl der Freiheitsgrade des Systems, also im Fall von N Atomen durch $3N$.

Nun sind die Vektoren $\boldsymbol{k}$ in Gl. (2.1) nicht eindeutig definiert, es sind nämlich solche Vektoren $\boldsymbol{k}$ und $\boldsymbol{k}'$ äquivalent, die sich um das 2π-fache eines Vektors $\boldsymbol{b}$ des sogenannten reziproken Gitters unterscheiden. Wir wollen dies etwas näher erläutern. Die Elementarzelle des reziproken Gitters wird definitionsgemäß von den Basisvektoren $\boldsymbol{b}^{(1)}$, $\boldsymbol{b}^{(2)}$, $\boldsymbol{b}^{(3)}$ aufgespannt, die mit den

Basisvektoren $\boldsymbol{a}^{(1)}$, $\boldsymbol{a}^{(2)}$, $\boldsymbol{a}^{(3)}$ des eigentlichen Gitters in folgendem Zusammenhang stehen

$$\boldsymbol{b}^{(k)} \cdot \boldsymbol{a}^{(k')} = \delta_{kk'} \qquad (k, k' = 1, 2, 3) \tag{2.2}$$

(mit $\delta_{kk'}$ als KRONECKER-Symbol). Für einen beliebigen Gittervektor

$$\boldsymbol{R}_j^{(0)} = m_1 \boldsymbol{a}^{(1)} + m_2 \boldsymbol{a}^{(2)} + m_3 \boldsymbol{a}^{(3)}$$

$$(m_1, m_2, m_3 \text{ ganz}) \tag{2.3}$$

und einen Vektor

$$\boldsymbol{b} = n_1 \boldsymbol{b}^{(1)} + n_2 \boldsymbol{b}^{(2)} + n_3 \boldsymbol{b}^{(3)}$$

$$(n_1, n_2, n_3 \text{ ganz}) \tag{2.4}$$

des reziproken Gitters gilt dann also

$$\boldsymbol{b} \boldsymbol{R}_j^{(0)} = m_1 n_1 + m_2 n_2 + m_3 n_3, \tag{2.5}$$

d. h., das Skalarprodukt $\boldsymbol{b}\boldsymbol{R}_j^{(0)}$ ist in jedem Fall eine ganze Zahl. Damit ändert sich der Wert der Exponentialfunktion in Gl. (2.1) nicht, wenn man den Vektor $\boldsymbol{k}$ durch $\boldsymbol{k} + 2\pi \boldsymbol{b}$ ersetzt, wobei $\boldsymbol{b}$ einen beliebigen Vektor des reziproken Gitters bezeichnet; die zugehörigen Schwingungsformen sind somit identisch. Will man jeder Normalschwingung *eindeutig* einen $\boldsymbol{k}$-Vektor zuordnen, muß man sich (willkürlich) auf einen bestimmten Teilraum im $\boldsymbol{k}$-Raum beschränken, der hinsichtlich seiner Dimensionen nach dem Gesagten mit einer um den Faktor 2π in jeder Richtung gestreckten Elementarzelle des reziproken Gitters übereinstimmen muß. Es liegt nahe, diese sogenannte BRILLOUINsche Zone so zu wählen, daß sie symmetrisch um den Ursprung $\boldsymbol{k} = 0$ liegt. Dann sind die erlaubten $\boldsymbol{k}$-Werte betragsmäßig eingeschränkt, beispielsweise gilt im einfachen Fall eines kubischen Gitters mit der Gitterkonstante a

$$-\frac{\pi}{a} \leqq k_x \leqq \frac{\pi}{a}, \ -\frac{\pi}{a} \leqq k_y \leqq \frac{\pi}{a}, \ -\frac{\pi}{a} \leqq k_z \leqq \frac{\pi}{a}, \tag{2.6}$$

denn die (lineare) Ausdehnung der Elementarzelle des reziproken Gitters hat dann ja nach Gl. (2.2) den Wert $1/a$. Die so ausgewählten $\boldsymbol{k}$-Vektoren (die im Limes eines unendlich ausgedehnten Gitters dicht liegen) entsprechen dann im Fall kleiner Werte $|\boldsymbol{k}|$ den Wellenzahlvektoren der Kontinuumstheorie.

Liegt andererseits ein $\boldsymbol{k}$-Vektor (mit seiner Spitze) auf dem Rand der BRILLOUINschen Zone, so beträgt die Wellenlänge der zugehörigen Normalschwingung, betrachten wir z. B. eine Ausbreitung in z-Richtung, nach Gl. (2.6)

$$\lambda = \frac{2\pi}{k_z^{(\max)}} = 2a; \tag{2.7}$$

das bedeutet, die Wellenlänge ist doppelt so groß wie der Abstand zweier benachbarter Gitterpunkte, und es ist evident, daß das Gitter Schwingungen mit noch kleinerer Wellenlänge gar nicht ausführen kann, weil die dazu erforderlichen Partikel fehlen. Dies ist der einfache physikalische Hintergrund für die Beschränkung (2.6) des $\boldsymbol{k}$-Vektors.

Die Lösung der Bewegungsgleichungen für die Gitterbausteine liefert nun den physikalisch bedeutsamen Zusammenhang zwischen der Frequenz und dem $\boldsymbol{k}$-Vektor

$$\omega = \omega(\boldsymbol{k}), \tag{2.8}$$

die sogenannte Dispersionsbeziehung. Da es zu einer vorgegebenen Ausbreitungsrichtung drei unabhängige (senkrecht zueinander stehende) Polarisationsrichtungen (im einfachsten Fall eine longitudinale und zwei transversale) gibt, hängt die Funktion $\omega(\boldsymbol{k})$ genaugenommen noch von der Polarisationsrichtung ab. Denken wir uns eine Ausbreitungsrichtung $\boldsymbol{f} \equiv \boldsymbol{k}/k$ mit $k = |\boldsymbol{k}|$ fixiert sowie eine der möglichen Polarisationsrichtungen herausgegriffen, so hat die Funktion $\omega(\boldsymbol{k}) = \omega_f(k)$ einen Verlauf, wie er in Abb. 16 dargestellt ist. In der Nähe des

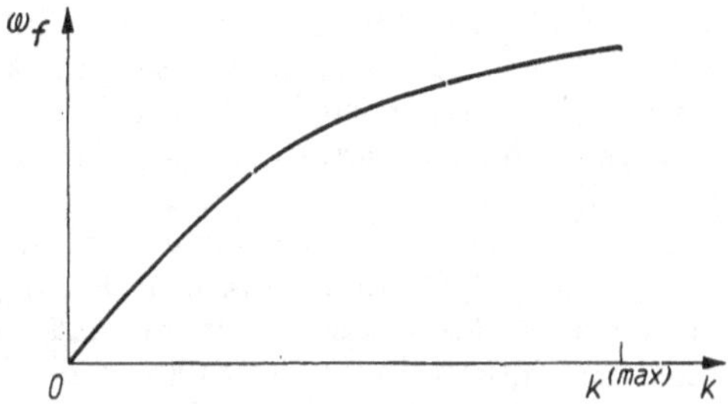

Abb. 16. Dispersionskurve für ein primitives Gitter (ein Atom pro Elementarzelle) bei fixierter Ausbreitungs- und Polarisationsrichtung (schematisch).

Punktes $k = 0$ findet näherungsweise ein linearer Anstieg

$$\omega_f = c_S k \qquad \text{für } k \ll k^{(\max)} \tag{2.9}$$

statt, mit wachsendem k wird der Verlauf immer flacher, und schließlich mündet die Kurve horizontal in den Maximalwert $\omega^{(\max)} = \omega_f(k^{(\max)})$ ein. (Man beachte dabei, daß die Konstante c_S im allgemeinen Fall von der Ausbreitungsrichtung $\boldsymbol{f}$ abhängt.) Für kleine k-Werte liegt also in guter Näherung ein linearer Zusammenhang zwischen ω und k vor (wie beim elektromagnetischen Feld im Vakuum), und die Größe c_S hat, wie man aus Gl. (2.1) erkennt, die Bedeutung der Ausbreitungsgeschwindigkeit (Schallgeschwindigkeit). Da in diesem k-Bereich benachbarte Kerne praktisch mit der gleichen Phase schwingen ($\boldsymbol{k}\boldsymbol{R}_j^{(0)} \approx \boldsymbol{k}\boldsymbol{R}_{j+1}^{(0)}$), können wir leicht den Übergang zu einer klassischen Kontinuumstheorie vollziehen, in der die diskrete Natur der Gitterbausteine außer acht gelassen wird, d. h., wir können formal die

Größe $\boldsymbol{R}_j^{(0)}$ durch eine kontinuierliche Ortsvariable $\boldsymbol{r}$ ersetzen. Gl. (2.1) beschreibt dann die bekannten akustischen Wellen.

Anders liegen die Dinge im Grenzfall großer k-Werte ($k \approx k^{(\max)}$). Wie oben schon erläutert (s. Gl. (2.7)), ist dann die Wellenlänge von der Größe der doppelten Gitterkonstante, benachbarte Atome[1]) schwingen also mit einer Phasenverschiebung von 180° gegeneinander. Es handelt sich somit um eine Bewegung, wie sie für Molekülschwingungen charakteristisch ist. Um diesen Gesichtspunkt noch deutlicher herauszustellen, werden wir unsere bisherige Beschreibung des Gitters in der Weise modifizieren, daß wir je zwei benachbarte Atome zu einer Einheit (einem „Molekül") zusammenfassen, d. h., wir wählen die Elementarzelle des Gitters jetzt so, daß sie zwei Gitterbausteine enthält. An die Stelle von Gl. (2.1) treten dann zwei Gleichungen, nämlich je eine für jeden Baustein I bzw. II in der μ-ten Gitterzelle:

$$\boldsymbol{s}_\mu{}^I = \boldsymbol{s}^I(\boldsymbol{k})\, e^{i(\boldsymbol{k}\boldsymbol{R}_\mu{}^{I(0)} - \omega(\boldsymbol{k})t)},$$

$$\boldsymbol{s}_\mu{}^{II} = \boldsymbol{s}^{II}(\boldsymbol{k})\, e^{i(\boldsymbol{k}\boldsymbol{R}_\mu{}^{II(0)} - \omega(\boldsymbol{k})t)}, \qquad (2.10)$$

wobei die Funktion $\omega(\boldsymbol{k})$ in beiden Fällen die gleiche ist und ein (von $\boldsymbol{k}$ abhängiger) definierter Zusammenhang zwischen den Amplituden $\boldsymbol{s}^I(\boldsymbol{k})$ und $\boldsymbol{s}^{II}(\boldsymbol{k})$ besteht. Speziell gilt

$$\boldsymbol{s}^I = \boldsymbol{s}^{II} \text{ für } \omega = 0 \qquad (2.11)$$

und

$$\boldsymbol{s}^I = -\boldsymbol{s}^{II} \text{ für } \omega = \omega^{(\max)}. \qquad (2.12)$$

Aus den Bewegungsgleichungen ergibt sich dann (wieder für eine fixierte Polarisations- und Ausbreitungsrichtung) eine zweideutige Dispersionskurve, wie sie Abb. 17 veranschaulicht. Die obere Teilkurve wird da-

[1]) Im allgemeinen handelt es sich dabei nicht um einzelne Atome, sondern ganze Atomgruppen.

bei als optischer, die untere als akustischer „Zweig“ bezeichnet.

Da wir ein und dasselbe Gitter nur auf zwei verschiedene Weisen (einmal durch Gl. (2.1) und zum anderen durch Gln. (2.10)) beschrieben haben, müssen die in den Dispersionskurven gemäß Abb. 16 bzw. 17 enthaltenen

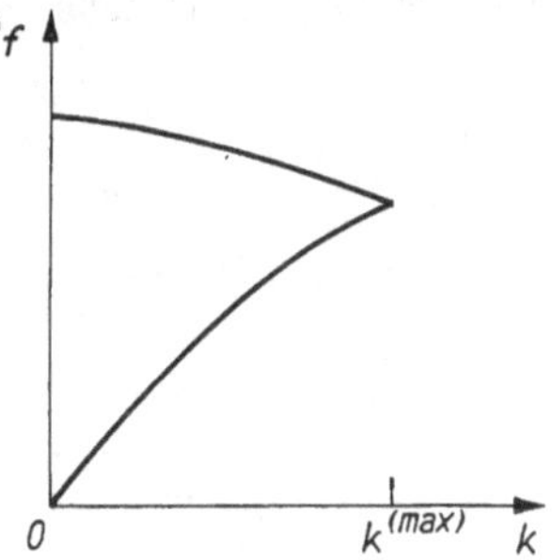

Abb. 17. Dispersionskurve für ein Gitter, bei dem die Elementarzelle zwei Bausteine gleicher Masse enthält (schematisch).

physikalischen Aussagen identisch sein. Um dies einzusehen, hat man zu beachten, daß bei der „molekularen“ Auffassung des Gitters die Elementarzelle des Gitters doppelt so groß ist wie bei der „atomaren“ Konzeption, die Elementarzelle des reziproken Gitters und damit auch das Volumen der BRILLOUINschen Zone im ersten Fall daher halb so groß wie im zweiten. Die Kurven in Abbn. 16 und 17 lassen sich nun dadurch ineinander überführen, daß man in Abb. 16 solche Vektoren $\boldsymbol{k}$ und $\boldsymbol{k}'$ identifiziert, die sich um das 2π-fache eines Vektors des *zum molekularen Bild gehörigen* reziproken Gitters unterscheiden, d. h. die entsprechenden Frequenzwerte $\omega(\boldsymbol{k})$ und $\omega(\boldsymbol{k}')$ *beide* dem betragsmäßig kleineren der beiden Vektoren $\boldsymbol{k}$ und $\boldsymbol{k}'$ zuordnet. Aus der eindeutigen Dispersionskurve gemäß Abb. 16 wird so der zweideutige Kurvenverlauf in Abb. 17. Offenbar entsprechen bei der molekularen Beschreibung des Gitters die reinen Molekülschwingungen (bei denen also in jeder Gitterzelle die darin befindlichen beiden „Bausteine" um genau 180° in der Phase verschoben schwingen) dem Wellenzahlvektor $\boldsymbol{k} = 0$.

Wir wollen uns nun mit den zum optischen Zweig gehörenden Gitterschwingungen mit kleinen k-Werten etwas näher beschäftigen. Für den Fall unterschiedlicher Massen der gegeneinanderschwingenden Atome[1]) ändert sich, wie in Abb. 18 veranschaulicht, der Verlauf der

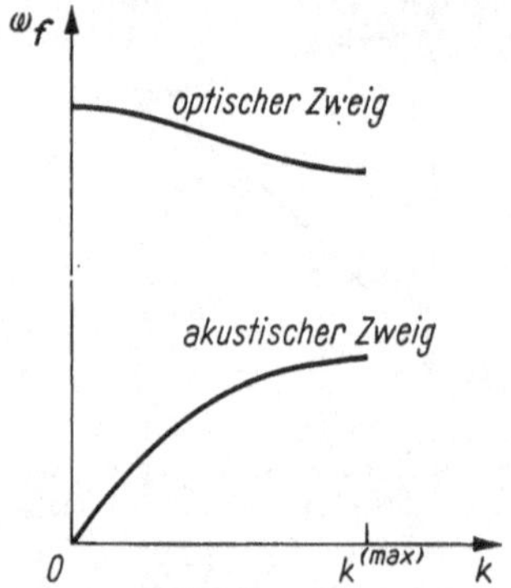

Abb. 18. Dispersionskurve im Fall zweier ungleicher Massen pro Elementarzelle (schematisch).

Dispersionskurve im Vergleich zu Abb. 17 in der Weise, daß auf dem Rand der BRILLOUINschen Zone eine Frequenzlücke auftritt (vgl. [39]). Da die Bewegung der in der gleichen Zelle befindlichen beiden Gitterpunkte bei den betrachteten Schwingungen so erfolgt, daß der gemeinsame Schwerpunkt dabei praktisch in Ruhe bleibt (s. [39]), empfiehlt es sich, an Stelle der Auslenkungen $\boldsymbol{s}_\mu{}^I$ und $\boldsymbol{s}_\mu{}^{II}$ die relative Verschiebung

$$\boldsymbol{w}_\mu = \boldsymbol{s}_\mu{}^I - \boldsymbol{s}_\mu{}^{II} = \boldsymbol{R}_\mu{}^I - \boldsymbol{R}_\mu{}^{II} - (\boldsymbol{R}_\mu{}^{I(0)} - \boldsymbol{R}_\mu{}^{II(0)}) \tag{2.13}$$

[1]) Wir schließen Ionenkristalle aus unserer Betrachtung aus, bei denen das mit den Gitterschwingungen verknüpfte oszillierende Dipolmoment zu einer starken Kopplung mit dem elektromagnetischen Feld und damit zu einer stark veränderten Dispersionskurve führt (Polaritonen).

sowie den Ortsvektor des Schwerpunkts

$$\boldsymbol{R}_\mu = \frac{m_I \boldsymbol{R}_\mu{}^I + m_{II} \boldsymbol{R}_\mu{}^{II}}{m_I + m_{II}} \tag{2.14}$$

(m_I, m_{II} Masse des Atoms I bzw. II) als neue Variable zu verwenden. Aus Gln. (2.10) folgt dann, da dort im Fall $k \ll k^{(\max)}$ der Unterschied zwischen $\boldsymbol{R}_\mu{}^{I(0)}$ und $\boldsymbol{R}_\mu{}^{II(0)}$ bedeutungslos wird, so daß wir diese beiden Vektoren durch die (zeitunabhängige!) Schwerpunktskoordinate $\boldsymbol{R}_\mu$ ersetzen können, für $\boldsymbol{w}_\mu$ die Darstellung

$$\boldsymbol{w}_\mu = \boldsymbol{w}(\boldsymbol{k})\, e^{i(\boldsymbol{k}\boldsymbol{R}_\mu - \omega(\boldsymbol{k})t)}. \tag{2.15}$$

Da andererseits der Schwerpunkt ruht,

$$\boldsymbol{R}_\mu = \boldsymbol{R}_\mu{}^{(0)}, \tag{2.16}$$

liefert die Schwerpunktsbewegung keinen Beitrag zur kinetischen Energie T^{K} der Gitterschwingungen. Explizit ergibt sich T^{K}, ausgedrückt durch die Größen $\boldsymbol{w}_\mu$, zu

$$T^{\mathrm{K}} = \frac{1}{2}\, m_{\mathrm{red}} \sum_\mu \dot{\boldsymbol{w}}_\mu{}^2 \tag{2.17}$$

mit

$$m_{\mathrm{red}} = \frac{m_I m_{II}}{m_I + m_{II}} \tag{2.18}$$

als der sogenannten reduzierten Masse. Die Formel (2.17) erhält man leicht, indem man in dem bekannten Ausdruck

$$T_\mu = \frac{m_I}{2} \left(\dot{\boldsymbol{s}}_\mu{}^I\right)^2 + \frac{m_{II}}{2} \left(\dot{\boldsymbol{s}}_\mu{}^{II}\right)^2 \tag{2.19}$$

für die kinetische Energie der μ-ten Gitterzelle die Vektoren $\boldsymbol{s}_\mu{}^I$ und $\boldsymbol{s}_\mu{}^{II}$ durch die aus Gln. (2.13) und (2.14) unter Beachtung von Gl. (2.16) folgenden Ausdrücke

$$\boldsymbol{s}_\mu{}^I = \frac{m_{II}}{m_I + m_{II}} \boldsymbol{w}_\mu, \quad \boldsymbol{s}_\mu{}^{II} = -\frac{m_I}{m_I + m_{II}} \boldsymbol{w}_\mu \tag{2.20}$$

ersetzt.

Wir wollen nun eine Beschreibung der akustischen und optischen Gitterschwingungen (jeweils für $k \ll k^{(\max)}$) im Rahmen einer klassischen Kontinuumsmechanik vornehmen. Wir haben dann die Vorstellung einer kontinuierlich „verschmierten" Massenverteilung, und an die Stelle der diskreten Massen m bzw. m_{red} treten die Werte $\varrho \Delta V$ bzw. $\varrho_{\text{red}} \Delta V$, wobei ϱ die Massendichte, ϱ_{red} die reduzierte Massendichte und ΔV ein (willkürlich) herausgegriffenes, an einem Ort $\boldsymbol{r}$ befindliches Volumenelement bezeichnet. Im Fall der akustischen Wellen gilt nach Gl. (2.1) für die (nunmehr als eine Funktion der kontinuierlichen Variablen $\boldsymbol{r}$ sowie der Zeit aufzufassende) Verrückung $\boldsymbol{s}$

$$\boldsymbol{s}(\boldsymbol{r}, t) = \boldsymbol{s}(\boldsymbol{k}) e^{i(\boldsymbol{k}\boldsymbol{r} - \omega(\boldsymbol{k})t)}, \tag{2.21}$$

wobei die Dispersionsbeziehung durch Gl. (2.9) gegeben ist. Beschränken wir uns der Einfachheit halber auf isotrope Medien, so ist die Schallgeschwindigkeit in Gl. (2.9) unabhängig von der Ausbreitungsrichtung, d. h., wir können den Index $\boldsymbol{f}$ in Gl. (2.9) weglassen, also schreiben

$$\omega = c_S \, |\boldsymbol{k}| \, . \tag{2.22}$$

Wir gehen nun den umgekehrten Weg, wie er sonst üblich ist, wir „rekonstruieren" nämlich aus den Lösungen (2.21) mit (2.22) die zugehörige partielle Differentialgleichung. Letztere hat offenbar die Gestalt der vertrauten Wellengleichung

$$\Delta \mathbf{s} - \frac{1}{c_S{}^2} \ddot{\mathbf{s}} = 0 \tag{2.23}$$

(mit Δ als LAPLACE-Operator). Diese Bewegungsgleichung ergibt sich andererseits im LAGRANGE-Formalismus, wenn man die LAGRANGE-Dichte in der Form

$$\mathcal{L}^{(\mathrm{ak})} = \frac{\varrho}{2}\,\dot{\mathbf{s}}^2 - \frac{C}{2}\sum_{l,l'=1}^{3}\left(\frac{\partial s_l}{\partial x_{l'}}\right)^2 \tag{2.24}$$

ansetzt. Die LAGRANGE-Gleichungen lauten ja allgemein

$$\frac{\partial}{\partial t}\frac{\partial \mathcal{L}}{\partial\left(\dfrac{\partial s_l}{\partial t}\right)} + \sum_{l'=1}^{3}\frac{\partial}{\partial x_{l'}}\frac{\partial \mathcal{L}}{\partial\left(\dfrac{\partial s_l}{\partial x_{l'}}\right)} - \frac{\partial \mathcal{L}}{\partial s_l} = 0 \quad (l = 1, 2, 3); \tag{2.25}$$

setzen wir hier für $\mathcal{L}$ die Größe (2.24) ein, so entsteht

$$\varrho \ddot{s}_l - C\sum_{l'=1}^{3}\frac{\partial^2 s_l}{\partial x_{l'}^2} = 0 \qquad (l = 1, 2, 3), \tag{2.26}$$

und diese Relationen sind identisch mit Gl. (2.23), wenn wir die Identifikation

$$C = \varrho c_S{}^2 \tag{2.27}$$

vornehmen. Die Größe C wird als elastische Konstante bezeichnet.

Nach der allgemeinen Definition der LAGRANGE-Dichte

$$\mathcal{L} = \mathcal{T} - \mathcal{V} \tag{2.28}$$

mit $\mathcal{T}$ als Dichte der kinetischen und $\mathcal{V}$ als Dichte der potentiellen Energie repräsentiert somit die Größe

$$\mathcal{V}^{(\mathrm{el})} = \frac{1}{2}\,C\sum_{l,l'=1}^{3}\left(\frac{\partial s_l}{\partial x_{l'}}\right)^2 \tag{2.29}$$

eine Dichte der potentiellen Energie, die sogenannte elastische Energiedichte.

Im Fall der optischen Gitterschwingungen hat die Dispersionskurve, setzen wir auch hier isotrope Verhältnisse voraus, die Form

$$\omega(\boldsymbol{k}) = \sqrt{\omega_0^2 - \beta \boldsymbol{k}^2}. \tag{2.30}$$

Für die relative Verschiebung $\boldsymbol{w}$ gilt nach Gl. (2.15) im Bild der Kontinuumsmechanik

$$\boldsymbol{w}(\boldsymbol{r}, t) = \boldsymbol{w}(\boldsymbol{k}) e^{i(\boldsymbol{kr} - \omega(\boldsymbol{k})t)}. \tag{2.31}$$

Aus Gln. (2.30) und (2.31) schließen wir auf das Bestehen der partiellen Differentialgleichung

$$\ddot{\boldsymbol{w}} + \beta \Delta \boldsymbol{w} + \omega_0^2 \boldsymbol{w} = 0, \tag{2.32}$$

die sich wiederum, wie man leicht nachprüft, aus der LAGRANGE-Dichte

$$\mathcal{L} = \varrho_{\text{red}} \left\{ \frac{1}{2} \dot{\boldsymbol{u}}^2 - \frac{1}{2} \omega_0^2 \boldsymbol{w}^2 + \frac{\beta}{2} \sum_{l,l'=1}^{3} \left(\frac{\partial w_l}{\partial x_{l'}} \right)^2 \right\} \tag{2.33}$$

ergibt.

Gehen wir von der relativen Verschiebung $\boldsymbol{w}$ durch Umnormierung zu einer Größe

$$\boldsymbol{Q} = \sqrt{\varrho_{\text{red}}}\, \boldsymbol{w} \tag{2.34}$$

über, so vereinfacht sich der Ausdruck (2.33) für die LAGRANGE-Dichte offensichtlich zu

$$\mathcal{L} = \frac{1}{2} \dot{\boldsymbol{Q}}^2 - \frac{1}{2} \omega_0^2 \boldsymbol{Q}^2 + \frac{\beta}{2} \sum_{l,l'=1}^{3} \left(\frac{\partial Q_l}{\partial x_{l'}} \right)^2, \tag{2.35}$$

während die Dgl. (2.32) ungeändert bleibt:

$$\ddot{\boldsymbol{Q}} + \beta \Delta \boldsymbol{Q} + \omega_0^2 \boldsymbol{Q} = 0. \tag{2.36}$$

Aus Gl. (2.35) erkennt man, daß die Dichte $\mathscr{V}^{(\mathrm{opt})}$ der potentiellen Energie der optischen Gitterschwingungen gegeben ist durch

$$\mathscr{V}^{(\mathrm{opt})} = \frac{1}{2}\,\omega_0{}^2 Q^2 - \frac{\beta}{2}\sum_{l,l'=1}^{3}\left(\frac{\partial Q_l}{\partial x_{l'}}\right)^2. \qquad (2.37)$$

Hier repräsentiert der erste Term offenbar die potentielle Energie eines harmonischen Oszillators mit der Eigenfrequenz ω_0, d. h., diese Größe beschreibt innermolekulare Oszillationen mit definierter, durch die Molekülstruktur festgelegter Frequenz. Der zweite Summand in Gl. (2.37) bringt, da er von den räumlichen Ableitungen von Q_l und somit von dem Schwingungsverhalten der Nachbar-„punkte" abhängt, eine Kopplung zwischen benachbarten Molekülen zum Ausdruck, die wir als relativ schwach im Verhältnis zu der Kopplung der Kerne innerhalb eines Moleküls voraussetzen. Der zweite Term in Gl. (2.37) spielt daher im Vergleich zum ersten nur die Rolle einer Korrektur.

Interessant ist, daß auf Grund der negativen Dispersion im optischen Zweig (i. e. der Abnahme von ω mit wachsendem k, s. Abb. 18), die Gruppengeschwindigkeit der Wellen (2.31) der (durch den $\boldsymbol{k}$-Vektor markierten) Ausbreitungsrichtung entgegengerichtet ist. Explizit ergibt sich aus Gl. (2.30) für die Gruppengeschwindigkeit der Wert

$$\boldsymbol{v} = \boldsymbol{grad_k}\,\omega(\boldsymbol{k}) = -\beta\boldsymbol{k}\,(\omega_0{}^2 - \beta\boldsymbol{k}^2)^{-\frac{1}{2}}. \qquad (2.38)$$

Die für die Schnelligkeit der Energieausbreitung charakteristische Gruppengeschwindigkeit ist also proportional zu β, was nicht weiter verwunderlich ist, da ja β, wie oben erwähnt, ein Maß für die Stärke der gegenseitigen Kopplung zwischen benachbarten Molekülen darstellt. Speziell im Grenzfall $\beta = 0$ handelt es sich um isolierte Moleküle, die sich gegenseitig nicht beeinflussen; demzufolge findet auch kein Energieaustausch statt, und die Gruppengeschwindigkeit hat den Wert Null.

Wir weisen besonders darauf hin, daß die Gitterschwingungen (2.31) auch für $\beta = 0$ eine über den ganzen Kristall *kohärente* Bewegung der Atomkerne beschreiben. (Zwischen den Oszillationen der Moleküle an verschiedenen Orten $\boldsymbol{r}_1$, $\boldsymbol{r}_2$ bestehen genau definierte, durch den Vektor $\boldsymbol{k}$ und den gegenseitigen Abstand $\boldsymbol{r}_2 - \boldsymbol{r}_1$ festgelegte Phasenbeziehungen.) Eine solche Schwingungsform erfordert offenbar zu ihrer Herausbildung eine treibende Kraft mit gleichen Kohärenzeigenschaften, d. h., eine solche Bewegung wird nicht spontan (aus der thermischen Bewegung der Kerne heraus), sondern als Ergebnis eines geeigneten Induzierungsprozesses entstehen. In Abschn. 10.4 werden wir sehen, daß die Schwebungen zwischen zwei elektromagnetischen Wellen verschiedener Frequenz (und Ausbreitungsrichtung) die Rolle einer entsprechenden induzierenden Kraft übernehmen können.

Wir bemerken, daß die im Fall $\beta = 0$ auftretende Entartung der Dispersionskurve zu einer horizontalen Geraden physikalisch ohne weiteres verständlich ist. Wenn es sich um die Schwingungen isolierter Moleküle handelt, ist grundsätzlich jede Phasenbeziehung zwischen den Bewegungen verschiedener Moleküle möglich und kann daher durch eine äußere Einwirkung erzeugt werden.

Schließlich sei erwähnt, daß die betrachteten akustischen und optischen Gitterschwingungen sich nicht nur in festen Substanzen abspielen; auch in Flüssigkeiten finden neben Schallschwingungen lokalisierte Oszillationen statt, da die Diffusion der Moleküle während der Dauer der (normalerweise stark gedämpften) Schwingungen vernachlässigbar klein ist. In der Tat wurde der induzierte Raman-Effekt an verschiedenen Flüssigkeiten (z. B. Benzol, Nitrobenzol u. ä.) beobachtet.

Nachdem wir uns so ein klassisches Bild von den Gitterschwingungen gemacht haben, wollen wir uns mit dem Mechanismus ihrer Wechselwirkung mit der Elektronenbewegung näher beschäftigen. Genauer gesagt betrachten wir gleich die durch diese Wechselwirkung vermittelte Kopplung zwischen Gitterschwingungen und elektromagnetischen Wellen. Wir folgen dabei wie auch in den restlichen Abschnitten dieses Kapitels der Darstellung in [7] und [56].

10.3. Kopplungsmechanismen

Experimentell ist seit langem bekannt, daß Licht an einer stehenden akustischen Welle (Ultraschall in Flüssigkeiten) gebeugt werden kann. Diese von DEBYE und SEARS entdeckte Erscheinung (s. z. B. [6]) kann man sich einfach so erklären, daß die mit einer Schallschwingung verbundene Druckänderung zu einer Änderung des Brechungsindex Anlaß gibt. Die Schallwelle erzeugt so ein Phasengitter, das bekanntlich Beugungsphänomene hervorruft.

Über die Druckabhängigkeit des Brechungsindex besteht also eine Kopplung zwischen Schallwellen und Licht (vgl. [55]). Für die formale Beschreibung dieser Wechselwirkung ist es sehr vorteilhaft, wenn man eine entsprechende Dichte $\mathscr{V}^{(W)}$ der Wechselwirkungsenergie explizit angeben kann, da man dann aus den LAGRANGE-Gleichungen für das Gesamtsystem: Gitterschwingungen + Lichtwellen „mit einem Schlag" die treibenden Kräfte für *beide* Teilsysteme erhält. Zur Auffindung von $\mathscr{V}^{(W)}$ gehen wir im Fall akustischer Gitterschwingungen von dem Effekt der Elektrostriktion aus: Eine elektrische Feldstärke $\boldsymbol{E}$ verursacht eine Änderung der Deformation (Verzerrung), die quadratisch von $\boldsymbol{E}$ abhängt. Explizit können wir schreiben, wenn wir beachten, daß die Deformation durch die räumlichen Ableitungen der Komponenten des Verschiebungsvektors $\mathbf{s}$ zu charakterisieren ist,

$$\delta\left(\frac{\partial s_l}{\partial x_{l'}}\right) = -\sum_{k,k'=1}^{3} P_{ll'kk'} E_k E_{k'} \qquad (l, l' = 1, 2, 3). \quad (3.1)$$

Diese Änderung der Verzerrung des Mediums führt ihrerseits, beschränken wir uns auf lineare Terme in

$\delta(\partial s_l/\partial x_{l'})$, auf die folgende – mit der Dichte der Wechselwirkungsenergie zu identifizierende – Änderung der elastischen Energiedichte (2.29)

$$\mathscr{V}^{(W)} = \delta \mathscr{V}^{(el)} = -\frac{1}{2} \sum_{\substack{k,k'\\l,l'}} p_{ll'kk'} \frac{\partial s_l}{\partial x_{l'}} E_k E_{k'} \qquad (3.2)$$

mit

$$p_{ll'kk'} = 2 C P_{ll'kk'} . \qquad (3.3)$$

Wir bemerken, daß Gln. (3.1) und (3.2) zunächst für statische elektrische Felder gedacht sind. Falls es sich um Lichtwellen handelt, wird eine monochromatische Welle keine Gitterschwingungen anregen können, da die Gitterbausteine wegen ihrer großen Masse den hochfrequenten elektromagnetischen Wellen nicht zu folgen vermögen. Die Situation ändert sich jedoch, wenn sich das Licht aus zwei (oder mehr) kohärenten (d. h. jeweils mit definierter Phase oszillierenden) Teilstrahlen verschiedener Frequenz zusammensetzt. Die rechte Seite von Gl. (3.2) enthält in diesem Fall auch niederfrequente, nämlich mit der Differenzfrequenz schwingende Anteile, die gerade dann besonders wirksam werden, wenn die Schwebungsfrequenz mit einer akustischen Frequenz $\omega(\boldsymbol{k})$ übereinstimmt. (Näheres s. Abschn. *10.4.*)

Im Fall der Molekülschwingungen beschreiben wir, der PLACZEKschen Konzeption [50] folgend, die Einwirkung der Kern- auf die Elektronenbewegung durch eine Abhängigkeit des Polarisierbarkeitstensors α des Moleküls von der Schwingungskoordinate $\boldsymbol{Q}$. Dieser Tensor bringt das von einem äußeren elektromagnetischen Feld induzierte Dipolmoment $\boldsymbol{D}$ in Zusammenhang mit der elektrischen Feldstärke $\boldsymbol{E}$; definitionsgemäß gilt

$$D_k = \sum_{k'=1}^{3} \alpha_{kk'} E_{k'} \qquad (k = 1, 2, 3). \qquad (3.4)$$

Die Größe α kennzeichnet somit, da das Dipolmoment durch eine Verschiebung der Elektronen„wolke" gegenüber den Kernen entsteht (wobei erstere sich auch bei optischen Frequenzen noch als Ganzes bewegt, s. Abschn. 10.1), die Verschiebbarkeit des Elektronensystems relativ zu den Kernen.

Gl. (3.4) beinhaltet, angewandt auf optische Wellen, die Vorstellung, daß sich das Dipolmoment praktisch momentan ausbildet und ohne Verzögerung der Oszillation des elektrischen Feldes folgt. Diese Auffassung erscheint wegen der großen Beweglichkeit der Elektronen gerechtfertigt. Im Gegensatz dazu erfolgen die Molekülschwingungen mit sehr viel kleineren Frequenzen; die Größe $\boldsymbol{Q}$ in der Funktion $\alpha(\boldsymbol{Q})$ stellt somit einen — im Vergleich zu der am Atom angreifenden elektrischen Feldstärke — sehr langsam veränderlichen Parameter dar.

Die explizite Abhängigkeit der Polarisierbarkeit von der Schwingungskoordinate beschreiben wir mit PLACZEK [50] durch den Anfang einer TAYLOR-Reihe

$$\alpha_{kk'}(\boldsymbol{Q}) = \alpha_{kk'}^{(0)} + \sum_{l=1}^{3} \gamma_{kk'l} Q_l \tag{3.5}$$

mit

$$\gamma_{kk'l} = \left(\frac{\partial \alpha_{kk'}}{\partial Q_l}\right)_{\boldsymbol{Q}=0}. \tag{3.6}$$

Daß die Ableitung (3.6) in vielen Fällen nicht verschwindet, ist plausibel, denn eine Vorzeichenänderung von $\boldsymbol{Q}$ bedeutet nach Gln. (2.34) und (2.13) den Übergang von einem (betragsmäßig) größeren Wert des Kernabstandes $\Delta \boldsymbol{R}_\mu = \boldsymbol{R}_\mu{}^I - \boldsymbol{R}_\mu{}^{II}$ zu einem kleineren (oder umgekehrt), und damit ist eine Änderung der Elektronenkonfiguration verbunden (s. Abschn. 10.1), die sich i. a. auf die Deformierbarkeit des Moleküls auswirken wird.

Nach Gl. (3.5) führt also der Einfluß der Kernbewegung auf die Elektronen zu der folgenden Änderung der Polarisation $\boldsymbol{P}$ des Mediums

$$\delta P_k = N \sum_{k',l=1}^{3} \gamma_{kk'l} E_{k'} Q_l \tag{3.7}$$

mit N als Zahl der Moleküle pro Volumeneinheit.

Die Wellengleichung für die elektrische Feldstärke lautet dann, wenn wir uns den von $\boldsymbol{Q}$ unabhängigen Anteil des Polarisierbarkeitstensors in einem ε-Tensor berücksichtigt denken,

$$\boldsymbol{rot}\,\boldsymbol{rot}\,\boldsymbol{E} + \frac{\varepsilon}{c^2}\ddot{\boldsymbol{E}} = -\frac{4\pi}{c^2}\frac{\partial^2}{\partial t^2}(\delta\boldsymbol{P}) \qquad (3.8)$$

(s. Gl. (1.6), Kapitel 4).

Sehen wir auf der linken Seite dieser Gleichung von den anisotropen Eigenschaften des Mediums ab (setzen also die Abweichung von der Isotropie bei fehlenden Gitterschwingungen als vernachlässigbar klein voraus), so vereinfacht sich Gl. (3.8) zu

$$\Delta\boldsymbol{E} - \frac{\varepsilon}{c^2}\ddot{\boldsymbol{E}} = \frac{4\pi}{c^2}\frac{\partial^2}{\partial t^2}(\delta\boldsymbol{P}), \qquad (3.9)$$

wobei unter ε nunmehr ein Skalar zu verstehen ist. Gl. (3.9) wiederum ergibt sich im LAGRANGE-Formalismus aus der folgenden LAGRANGE-Dichte

$$\mathscr{L} = \frac{1}{8\pi}\left[\frac{\varepsilon}{c^2}\dot{\boldsymbol{A}}^2 - \sum_{k,k'=1}^{3}\left(\frac{\partial A_k}{\partial x_{k'}}\right)^2\right] + \frac{N}{2c^2}\sum_{k,k',l=1}^{3}\gamma_{kk'l}\dot{A}_k\dot{A}_{k'}Q_l\,. \qquad (3.10)$$

Hier bezeichnet $\boldsymbol{A}$ das Vektorpotential, das mit der elektrischen Feldstärke in dem bekannten Zusammenhang

$$\boldsymbol{E} = -\frac{1}{c}\dot{\boldsymbol{A}} \qquad (3.11)$$

steht. In der Tat folgen aus (3.10) nach der Vorschrift (2.25) zunächst die Bewegungsgleichungen

$$\frac{1}{4\pi}\frac{\varepsilon}{c^2}\ddot{A}_k - \frac{1}{4\pi}\sum_{k'=1}^{3}\frac{\partial^2 A_k}{\partial x_{k'}^2} + \frac{N}{c^2}\frac{\partial}{\partial t}\left\{\sum_{k',l=1}^{3}\gamma_{kk'l}\dot{A}_{k'}Q_l\right\} = 0$$

$$(k = 1, 2, 3). \qquad (3.12)$$

Hierbei wurde noch beachtet, daß der Polarisierbarkeitstensor symmetrisch ist und demzufolge die Symmetrierelation

$$\gamma_{kk'l} = \gamma_{k'kl} \tag{3.13}$$

gilt (s. Gl. (3.6)).

Durch nochmaliges Differenzieren von Gl. (3.12) nach der Zeit und Multiplikation mit $4\pi/c$ entsteht unter Verwendung von Gl. (3.11) die mit Gl. (3.9) identische Relation

$$\Delta E_k - \frac{\varepsilon}{c^2} \ddot{E}_k = \frac{4\pi N}{c^2} \frac{\partial^2}{\partial t^2} \left\{ \sum_{k',l=1}^{3} \gamma_{kk'l} E_{k'} Q_l \right\}$$

$$(k = 1, 2, 3). \tag{3.14}$$

Die Dichte der für die Kopplung zwischen dem Strahlungsfeld und den optischen Gitterschwingungen charakteristischen Wechselwirkungsenergie lautet somit gemäß Gl. (3.10)

$$\mathcal{V}^{(W)} = -\frac{N}{2} \sum_{k,k',l=1}^{3} \gamma_{kk'l} E_k E_{k'} Q_l . \tag{3.15}$$

Diese Größe läßt sich im Fall (nahezu) statischer elektrischer Felder leicht interpretieren; sie stellt die — durch eine Lageänderung der Kerne bedingte — Änderung der (auf die Volumeneinheit bezogenen) potentiellen Energie $\mathcal{V}^{(\mathrm{Dip})}$ der — durch das äußere Feld erst induzierten! — molekularen Dipole im elektrischen Feld dar, die ihrerseits bekanntlich (s. z. B. [32]) durch

$$\mathcal{V}^{(\mathrm{Dip})} = -\int_0^{\boldsymbol{E}} \boldsymbol{P}' \, \mathrm{d}\boldsymbol{E}' = -\frac{1}{2} \boldsymbol{E}\boldsymbol{P} = -\frac{N}{2} \sum_{k,k'=1}^{3} \alpha_{kk'} E_k E_{k'} \tag{3.16}$$

gegeben ist.

Mit der Kenntnis der Wechselwirkungsterme (3.2) und (3.15) ist es nun ein leichtes, die gekoppelten Gleichungen für die elektromagnetischen Wellen und die Gitterschwingungen explizit aufzuschreiben. Dies soll im folgenden Abschnitt geschehen.

10.4. Bewegungsgleichungen

Wir wenden jetzt den LAGRANGE-Formalismus auf das gekoppelte System: Gitterschwingungen + Strahlungsfeld an. Betrachten wir zunächst die akustischen Gitterschwingungen, so ergibt sich gemäß Gl. (2.25) aus dem Wechselwirkungsanteil (3.2) der LAGRANGE-Dichte die — an die Stelle der Null in Gl. (2.26) tretende — „treibende Kraft" für die Gitterschwingungen zu

$$\sum_{l'=1}^{3} \frac{\partial}{\partial x_{l'}} \frac{\partial \mathcal{V}^{(W)}}{\partial \left(\frac{\partial s_l}{\partial x_{l'}}\right)} = -\frac{1}{2} \sum_{k,k',l'=1}^{3} p_{ll'kk'} \frac{\partial}{\partial x_{l'}} (E_k E_{k'}) \qquad (l = 1, 2, 3), \tag{4.1}$$

so daß wir also zu schreiben haben

$$\varrho \ddot{s}_l - C \Delta s_l = -\frac{1}{2} \sum_{k,k',l'=1}^{3} p_{ll'kk'} \frac{\partial}{\partial x_{l'}} (E_k E_{k'}) . \tag{4.2}$$

Den Quellterm für die elektromagnetischen Wellen können wir leicht ohne Rechnung angeben, wenn wir von dem in Abschn. 10.3 erhaltenen Ergebnis Gebrauch machen, daß die (die Kopplung zwischen optischen Gitterschwingungen und dem Strahlungsfeld kennzeichnende) Dichte (3.15) der Wechselwirkungsenergie zu der Polarisationsänderung (3.7) Anlaß gibt. Da der Ausdruck (3.15) durch die Ersetzung

$$N \sum_{l=1}^{3} \gamma_{kk'l} Q_l \to \sum_{l,l'=1}^{3} p_{ll'kk'} \frac{\partial s_l}{\partial x_{l'}} \tag{4.3}$$

in die uns im Augenblick interessierende Dichte (3.2) der Wechselwirkungsenergie übergeht und die in (4.3) angeschriebenen Größen (die beide bezüglich der Indizes k und k' symmetrisch sind) bei der Berechnung der treibenden Kraft für das elektromagnetische Feld die Rolle konstanter Parameter spielen, erhalten wir die (3.2) entsprechende Polarisationsänderung $\delta \boldsymbol{P}$ aus dem Ausdruck (3.7) ebenfalls durch die Substitution (4.3). Wir finden so für $\delta \boldsymbol{P}$ die Darstellung

$$\delta P_k = \sum_{k',l,l'=1}^{3} p_{ll'kk'} E_{k'} \frac{\partial s_l}{\partial x_{l'}}. \tag{4.4}$$

Die Wellengleichung nimmt damit nach Gl. (3.9) die folgende Gestalt an

$$\Delta E_k - \frac{\varepsilon}{c^2} \ddot{E}_k = \frac{4\pi}{c^2} \frac{\partial^2}{\partial t^2} \sum_{k',l,l'=1}^{3} p_{ll'kk'} E_{k'} \frac{\partial s_l}{\partial x_{l'}}. \tag{4.5}$$

Betrachten wir nun die Zeitabhängigkeit in den Gln. (4.2) und (4.5)! Diese muß, soll eine merkliche Wechselwirkung zwischen den Gitterschwingungen und dem Strahlungsfeld stattfinden, auf beiden Seiten der genannten Gleichungen jeweils (zumindest näherungsweise) übereinstimmen. Aus Gl. (4.2) schließen wir so, daß eine akustische Welle nur dann angeregt werden kann, wenn das Produkt $E_k E_{k'}$ auch einen mit einer akustischen Frequenz oszillierenden Anteil enthält (der dann allein auf der rechten Seite von Gl. (4.2) mitgenommen zu werden braucht). Dies ist der Fall, wenn wir es mit wenigstens zwei elektromagnetischen Wellen mit unterschiedlichen Frequenzen zu tun haben, deren Differenz in den Frequenzbereich der akustischen Gitterschwingungen fällt.

Gl. (4.5) lehrt, daß andererseits eine Schallwelle der Frequenz ω_G im Zusammenspiel mit einer Lichtwelle der Frequenz ω_1 eine mit der Frequenz

$$\omega_2 = \omega_1 + \omega_G \tag{4.6}$$

oder auch

$$\omega_2 = \omega_1 - \omega_G \tag{4.7}$$

oszillierende Polarisation erzeugt, die ihrerseits als Quelle (oder auch Senke!) für eine zweite Welle der Frequenz ω_2 wirksam werden kann.

Damit ist folgender, als induzierte BRILLOUIN-Streuung bekannter Prozeß möglich: Man strahlt eine intensive monochromatische Welle sozusagen als Pumpwelle in ein geeignetes Medium ein; diese erregt zusammen mit einer zweiten, schwächeren und in der Frequenz verschobenen Signalwelle (die sich im realen Experiment — wie im Fall der parametrischen Oszillation bzw. Verstärkung — aus dem Rauschen herausgebildet hat) eine akustische Gitterschwingung, die wiederum rückwirkend den Prozeß der Umwandlung der Pumpwelle in die Signalwelle (also die Verstärkung der Signalwelle einerseits und die Schwächung der Pumpwelle andererseits) stimuliert. Energetisch gesehen wird also dem Medium über die Anregung der Schallwellen Energie zugeführt. Im Bild der Photonen bzw. Phononen[1]) (Schallquanten) stellt sich der in Rede stehende Prozeß so dar, daß jeweils ein Pump-Photon in ein Signal-Photon und ein (akustisches) Phonon zerfällt. Der Energieerhaltungssatz für diesen Elementarprozeß lautet dann, wenn wir die Indizes L, B und G in dieser Reihenfolge zur Kennzeichnung der Pumpwelle (Laserstrahl), der durch BRILLOUIN-Streuung erzeugten Signalwelle und der akustischen Gitterschwingung verwenden,

$$\omega_L = \omega_B + \omega_G. \tag{4.8}$$

Es findet also (wie wir auch aus den klassischen Bewegungsgleichungen schließen können, s. Abschn. 10.5) eine Frequenzverschiebung in Richtung auf kleinere Frequenzen statt. (Falls Schallwellen bereits auf andere

---

[1]) Analog wie im Fall der Photonen benutzen wir die Sprechweise, es seien n (zu einer bestimmten Gitterschwingung gehörige) Phononen vorhanden, wenn die Energie der betreffenden Gitterschwingung mit der Frequenz ω_G den (quantenmechanisch scharfen) Wert $\left(n + \frac{1}{2}\right) \hbar\,\omega_G$ besitzt.

Weise — etwa durch thermische Bewegung — angeregt sind, können diese im Zusammenwirken mit der Pumpwelle auch eine Signalwelle mit *vergrößerter* Frequenz erzeugen, wobei dem Medium Energie entzogen wird. Mit diesem Effekt wollen wir uns jedoch nicht beschäftigen; vielmehr setzen wir voraus, daß eine merkliche Anregung von Gitterschwingungen erst durch die Wechselwirkung mit dem Strahlungsfeld erfolgt, die Gitterschwingungen also induziert werden.)

Trennen wir die Größen $\boldsymbol{E}$ und $\mathbf{s}$ (im betrachteten Fall monochromatischer Wellen) wie früher in einen positiven und einen negativen Frequenzanteil auf (s. Gln. (3.12), (3.13), Kapitel 1) gemäß

$$\boldsymbol{E} = \boldsymbol{E}(\boldsymbol{r}; \omega) e^{i\omega t} + \boldsymbol{E}^*(\boldsymbol{r}; \omega) e^{-i\omega t}, \tag{4.9}$$

$$\mathbf{s} = \mathbf{s}(\boldsymbol{r}; \omega_G) e^{i\omega_G t} + \mathbf{s}^*(\boldsymbol{r}; \omega_G) e^{-i\omega_G t}, \tag{4.10}$$

so können wir nach Gln. (4.2) und (4.5) die folgenden Bewegungsgleichungen aufschreiben

$$\varrho \omega_G^2 s_l(\boldsymbol{r}; \omega_G) + C \Delta s_l(\boldsymbol{r}; \omega_G) - 2i\omega_G \varrho \Gamma s_l(\boldsymbol{r}; \omega_G)$$

$$= \sum_{k,k',l'=1}^{3} p_{ll'kk'} \frac{\partial}{\partial x_{l'}} \{E_k(\boldsymbol{r}; \omega_L) E_{k'}^*(\boldsymbol{r}; \omega_B)\}, \tag{4.11}$$

$$\Delta E_k(\boldsymbol{r}; \omega_B) + \frac{\varepsilon_B\, \omega_B^2}{c^2} E_k(\boldsymbol{r}; \omega_B)$$

$$= -\frac{4\pi \omega_B^2}{c^2} \sum_{l',l,l'=1}^{3} p_{ll'kk'} E_{k'}(\boldsymbol{r}; \omega_L) \frac{\partial s_l^*(\boldsymbol{r}; \omega_G)}{\partial x_{l'}}, \tag{4.12}$$

$$\Delta E_k(\boldsymbol{r}; \omega_L) + \frac{\varepsilon_L \omega_L^2}{c^2} E_k(\boldsymbol{r}; \omega_L)$$

$$= -\frac{4\pi \omega_L^2}{c^2} \sum_{k',l,l'=1}^{3} p_{ll'kk'} E_{k'}(\boldsymbol{r}; \omega_B) \frac{\partial s_l(\boldsymbol{r}; \omega_G)}{\partial x_{l'}}. \tag{4.13}$$

Dabei wurde Gl. (4.8) bereits als erfüllt vorausgesetzt, und es wurden nur die mit der jeweils passenden Frequenz oszillierenden Anteile der treibenden Kräfte berücksichtigt. Weiterhin wurde in Gl. (4.11) von der Symmetrie des Tensors $p_{ll'kk'}$ bezüglich der letzten beiden Indizes Gebrauch gemacht und ein phänomenologischer Dämpfungsterm hinzugefügt, der einem Zusatzglied der Form $2\varrho\Gamma\dot{\boldsymbol{s}}$ (mit Γ als Dämpfungskonstante) auf der linken Seite der Bewegungsgleichung (2.26) bzw. (4.2) entspricht und der — formal analog den OHMschen Verlusten einer elektromagnetischen Welle in einem leitenden Medium — ein Abklingen der Schallwelle (beispielsweise durch Streuung an Verunreinigungen, Gitterfehlern u. ä.) zum Ausdruck bringt.

Nach dem gleichen Verfahren, wie es eben durchgeführt wurde, behandeln wir nun die Wechselwirkung zwischen elektromagnetischen Wellen und Molekülschwingungen, den sogenannten RAMAN-Effekt. Die Wellengleichung haben wir für diesen Fall bereits in Abschn. 10.3 explizit angegeben (Gl. (3.14)). Die treibende Kraft für die Gitterschwingungen ergibt sich nun unter Zugrundelegung der Dichte (3.15) der Wechselwirkungsenergie aus dem Term $-\partial\mathcal{L}/\partial Q_l$ in der LAGRANGE-Gleichung (s. Gl. (2.25)) zu

$$-\frac{\partial\mathcal{V}^{(W)}}{\partial Q_l}=\frac{N}{2}\sum_{k,k'=1}^{3}\gamma_{kk'l}E_kE_{k'}\,,\tag{4.14}$$

so daß die Bewegungsgleichung (2.36) für die ungestörten Gitterschwingungen, berücksichtigen wir auch hier noch (in phänomenologischer Weise) eine Dämpfung (die, quantenmechanisch gesprochen, hauptsächlich durch den Zerfall[1]) von optischen Phononen in zwei oder drei

[1]) Bei der Definition der Gitterschwingungen bzw. Phononen beschränkt man sich auf die in den Verrückungen $\boldsymbol{s}_j$ quadratischen Anteile der potentiellen Energie V_{pot} der Gitterbausteine. Die Terme höherer Ordnung in V_{pot} spielen dann im Sinn der quantenmechanischen Störungstheorie die Rolle eines Störpotentials, welches die genannten Zerfallsprozesse der Phononen (3- oder 4-Phononen-Stöße) bewirkt.

Phononen geringerer Energie infolge der Anharmonizität des Gitterpotentials bedingt ist), abzuändern ist in

$$\ddot{Q}_l + \beta \Delta Q_l + \omega_0^2 Q_l + 2\Gamma \dot{Q}_l = \frac{N}{2} \sum_{k,k'=1}^{3} \gamma_{kk'l} E_k E_{k'}. \tag{4.15}$$

Wie im Fall der BRILLOUIN-Streuung schließen wir hieraus, daß es zur Anregung einer Gitterschwingung nur dann kommen kann, wenn die Produkte $E_k E_{k'}$ auch solche Anteile enthalten, die in ihrer Frequenz mit einer Gitterschwingung übereinstimmen. Es müssen also, da die Frequenz der Molekülschwingungen wesentlich kleiner ist als die optischer Wellen, wieder Schwebungen zwischen (mindestens) zwei Lichtwellen verschiedener Frequenz stattfinden.

Aus Gl. (3.14) folgt, daß eine elektromagnetische Welle der Frequenz ω_1 im Zusammenwirken mit einer Gitterschwingung der Frequenz ω_G eine andere Lichtwelle der Frequenz $\omega_2 = \omega_1 + \omega_G$ oder $\omega_2 = \omega_1 - \omega_G$ energetisch zu beeinflussen (verstärken oder schwächen) vermag. Die Verhältnisse sind also grundsätzlich die gleichen wie bei der BRILLOUIN-Streuung. Eine eingestrahlte Pumpwelle gibt — über die Wechselwirkung mit den Molekülschwingungen — Anlaß zur Erzeugung einer Signalwelle mit verkleinerter Frequenz, der sogenannten STOKES-Strahlung, wobei die Gl. (4.8) entsprechende Frequenzbedingung lautet

$$\omega_S = \omega_L - \omega_G. \tag{4.16}$$

Im Fall der RAMAN-Streuung tritt nun unter geeigneten experimentellen Bedingungen zusätzlich eine sogenannte Anti-STOKES-Welle auf, deren Frequenz um den Wert ω_G vergrößert ist

$$\omega_A = \omega_L + \omega_G. \tag{4.17}$$

Diese Welle entsteht durch das Zusammenspiel von Pumpwelle und — im Zusammenhang mit der Verstärkung der STOKES-Welle — angeregten Gitterschwingungen. Die Erzeugung der Anti-STOKES-Strahlung setzt somit (beim induzierten RAMAN-Effekt, den wir hier nur betrachten) das Vorhandensein einer STOKES-Welle voraus. (Im Gegensatz dazu kann sich beim spontanen RAMAN-Effekt eine Anti-STOKES-Welle ohne Mitwirkung einer STOKES-Welle ausbilden; die Anregung der Molekülschwingungen erfolgt dann auf thermischem Weg.)

Charakterisieren wir die STOKES-Welle durch den Index S, die Anti-STOKES-Welle durch den Index A, so können wir unter Verwendung der Symbolik (4.9) sowie der entsprechenden Beziehung für $\boldsymbol{Q}$ die gekoppelten Bewegungsgleichungen gemäß Gln. (4.15) und (3.14) in folgender Form aufschreiben

$$\beta \Delta Q_l(\boldsymbol{r};\omega_G) + (\omega_0^2 - \omega_G^2) Q_l(\boldsymbol{r};\omega_G) + 2i\omega_G \Gamma Q_l(\boldsymbol{r};\omega_G)$$

$$= N \sum_{k,k'=1}^{3} \gamma_{kk'l} \{E_k(\boldsymbol{r};\omega_L) E_{k'}^*(\boldsymbol{r};\omega_S) + E_k(\boldsymbol{r};\omega_A) E_{k'}^*(\boldsymbol{r};\omega_L)\}, \tag{4.18}$$

$$\Delta E_k(\boldsymbol{r};\omega_S) + \frac{\varepsilon_S \omega_S^2}{c^2} E_k(\boldsymbol{r};\omega_S)$$

$$= -\frac{4\pi\omega_S^2 N}{c^2} \sum_{k',l=1}^{3} \gamma_{kk'l} E_{k'}(\boldsymbol{r};\omega_L) Q_l^*(\boldsymbol{r};\omega_G), \tag{4.19}$$

$$\Delta E_k(\boldsymbol{r};\omega_A) + \frac{\varepsilon_A \omega_A^2}{c^2} E_k(\boldsymbol{r};\omega_A)$$

$$= -\frac{4\pi\omega_A^2 N}{c^2} \sum_{k',l=1}^{3} \gamma_{kk'l} E_{k'}(\boldsymbol{r};\omega_L) Q_l(\boldsymbol{r};\omega_G), \tag{4.20}$$

$$\Delta E_k(\boldsymbol{r};\omega_L) + \frac{\varepsilon_L \omega_L^2}{c^2} E_k(\boldsymbol{r};\omega_L)$$

$$= -\frac{4\pi\omega_L^2 N}{c^2} \sum_{k',l=1}^{3} \gamma_{kk'l} \{E_{k'}(\boldsymbol{r};\omega_A) Q_l^*(\boldsymbol{r};\omega_G)$$

$$+ E_{k'}(\boldsymbol{r};\omega_S) Q_l(\boldsymbol{r};\omega_G)\}, \tag{4.21}$$

wobei im Fall von Gl. (4.18) die Symmetrie des Tensors $\gamma_{kk'l}$ bezüglich der ersten beiden Indizes beachtet wurde.

Die in diesem Abschnitt hergeleiteten Bewegungsgleichungen versetzen uns nun in die Lage, die RAMAN- und BRILLOUIN-Streuung im einzelnen zu diskutieren. Bevor wir uns mit der Lösung des jeweiligen gekoppelten Gleichungssystems beschäftigen, wollen wir noch ein paar grundsätzliche Bemerkungen machen.

Zunächst ist festzustellen, daß sich unsere Behandlung auf Grund der vorausgesetzten Zeitunabhängigkeit der Amplituden $\boldsymbol{E}(\boldsymbol{r}; \omega)$, $\boldsymbol{s}(\boldsymbol{r}; \omega_G)$ und $\boldsymbol{Q}(\boldsymbol{r}; \omega_G)$ auf einen stationären Zustand bezieht, d. h., Einschwingvorgänge bleiben außer Betracht.

Weiterhin werden wir sowohl die Lichtwellen als auch die Gitterschwingungen stets als laufende ebene Wellen ansetzen, wobei allerdings zu beachten ist, daß die zugehörigen Wellenzahlvektoren im allgemeinen komplex sind, da ja entweder eine Verstärkung oder eine Dämpfung der Wellen erfolgt. Analog wie bei der (hochfrequenten) Zeitabhängigkeit können wir dann sagen, daß eine merkliche Kopplung zwischen den verschiedenen Wellen nur dann bestehen kann, wenn die Wellenzahlvektoren der betreffenden Welle und der zugehörigen treibenden Kraft in ihrem Realteil übereinstimmen. Dies führt uns auf Phasenanpassungsbedingungen, die man aus Gln. (4.11)—(4.13) bzw. (4.18)—(4.21) leicht ablesen kann. Kennzeichnen wir den Realteil der Wellenzahlvektoren durch einen angefügten Strich, so muß im Fall der BRILLOUIN-Streuung gelten

$$\boldsymbol{k}_G' = \boldsymbol{k}_L' - \boldsymbol{k}_B', \tag{4.22}$$

während bei der RAMAN-Streuung die Relationen

$$\boldsymbol{k}_G' = \boldsymbol{k}_L' - \boldsymbol{k}_S' = \boldsymbol{k}_A' - \boldsymbol{k}_L' \tag{4.23}$$

erfüllt sein müssen, die im besonderen die Beziehung

$$\boldsymbol{k}_S' + \boldsymbol{k}_A' = 2\boldsymbol{k}_L' \tag{4.24}$$

implizieren.

Schließlich machen wir (wie bei der parametrischen Verstärkung) stets die Annahme, daß die Rückwirkung der Streuprozesse auf die Pumpwelle noch keine merkliche Rolle spielt, die Amplitude der Pumpwelle daher als räumlich konstant (festgelegt durch den Einstrahlungsvorgang) angesehen werden kann. Dementsprechend sind die Bewegungsgleichungen (4.13) und (4.21) für die Pumpwelle zu streichen.

Im folgenden untersuchen wir vorerst den RAMAN-Effekt.

10.5. Raman-Streuung

Wir lassen zunächst die Möglichkeit des Auftretens einer Anti-STOKES-Strahlung außer acht, setzen also formal $\boldsymbol{E}(\boldsymbol{r}; \omega_A) = 0$. (Später werden wir sehen, daß dies in den meisten Fällen gerechtfertigt ist.) Mit dem Ansatz

$$\boldsymbol{E}(\boldsymbol{r}; \omega_\lambda) = \boldsymbol{E}(\omega_\lambda) e^{-i\boldsymbol{k}_\lambda \boldsymbol{r}} \qquad (\lambda = S, L) \tag{5.1}$$

sowie

$$\boldsymbol{Q}(\boldsymbol{r}; \omega_G) = \boldsymbol{Q}(\omega_G) e^{-i\boldsymbol{k}_G \boldsymbol{r}} \tag{5.2}$$

wird dann aus Gl. (4.18), wenn wir die Phasenanpassungsbedingung

$$\boldsymbol{k}_L = \boldsymbol{k}_S' + \boldsymbol{k}_G' \tag{5.3}$$

(s. Gl. (4.23)) als erfüllt voraussetzen und die imaginären Anteile der Wellenzahlvektoren $\boldsymbol{k}_S$ und $\boldsymbol{k}_G$ näherungsweise vernachlässigen,

$$-\beta \boldsymbol{k}_G'^2 Q_l(\omega_G) + (\omega_0^2 - \omega_G^2) Q_l(\omega_G) + 2 i \omega_G \Gamma Q_l(\omega_G)$$
$$= N \sum_{k,k'=1}^{3} \gamma_{kk'l} E_k(\omega_L) E_{k'}^*(\omega_S), \tag{5.4}$$

so daß sich die Amplitude $Q_l(\omega_G)$ der optischen Gitterschwingung zu

$$Q_l(\omega_G) = -\frac{N \sum\limits_{k,k'=1}^{3} \gamma_{kk'l} E_k(\omega_L) E_{k'}^*(\omega_S)}{\omega_G^2 - \omega_0^2 + \beta \boldsymbol{k}_G'^2 - 2i\omega_G \Gamma} \tag{5.5}$$

ergibt. Der Gitterschwingung wird dabei die durch Gl. (4.16) festgelegte Frequenz ω_G von außen aufgeprägt. (Wie bei einem gedämpften harmonischen Oszillator erfolgt die Schwingung mit der Frequenz der treibenden Kraft.)

Wir betrachten nun eine herausgegriffene STOKES-Welle mit bestimmter Ausbreitungsrichtung $\boldsymbol{f}_S = \boldsymbol{k}_S'/|\boldsymbol{k}_S'|$ und Frequenz ω_S. Der Zusammenhang zwischen $\boldsymbol{k}_S'$ und ω_S wird genaugenommen — als Folge der Wechselwirkung mit den Gitterschwingungen — von der „ungestörten" (i. e. bei fehlender Kopplung auftretenden) Dispersionsbeziehung verschieden sein. In erster Näherung können wir aber von dieser kleinen Korrektur absehen (die sich durch *simultane* Lösung des Gleichungssystems (4.18), (4.19) berechnen läßt), d. h. für $|\boldsymbol{k}_S'|$ näherungsweise den Wert

$$|\boldsymbol{k}_S'| \approx k_S^{(0)} = \frac{\sqrt{\varepsilon_S}}{c}\,\omega_S \tag{5.6}$$

— gemäß Gl. (4.19) mit $\boldsymbol{Q}(\boldsymbol{r};\omega_G) = 0$ — verwenden.

Die Bedingungen (4.16) und (5.3) legen dann einerseits die Frequenz ω_G und andererseits den Wellenzahlvektor $\boldsymbol{k}_G'$ der Gitterschwingung eindeutig fest. Die im Nenner des Ausdrucks (5.5) auftretende Größe

$$\omega_0^2 - \beta \boldsymbol{k}_G'^2 \equiv \omega_G^{(0)2} \tag{5.7}$$

bezeichnet offenbar das Quadrat der $\boldsymbol{k}_G'$ vermöge der ungestörten Dispersionsbeziehung (2.30) entsprechenden Frequenz, also der ungestörten Eigenfrequenz der Gitterschwingung. Gl. (5.5) kann so geschrieben werden als

$$Q_l(\omega_G) = -\frac{N \sum\limits_{k,k'=1}^{3} \gamma_{kk'l} E_k(\omega_L) E_{k'}^*(\omega_S)}{\omega_G^2 - \omega_G^{(0)2} - 2i\omega_G \Gamma}. \tag{5.8}$$

Die optische Gitterschwingung wird somit, wie nicht anders zu erwarten, dann maximal erregt, wenn Resonanz mit der treibenden Kraft vorliegt, i. e., wenn gilt

$$\omega_G = \omega_L - \omega_S = \omega_G^{(0)}. \tag{5.9}$$

Formal bedeutet dies, sowohl die Frequenzrelation (4.16) als auch die Phasenanpassungsbedingung (5.3) müssen unter Zugrundelegung der ungestörten Dispersionsbeziehungen (5.6) und (2.30) erfüllt sein.

Vernachlässigen wir wieder die Imaginärteile der Wellenzahlvektoren, so können wir die Beziehung (5.8) gemäß Gln. (5.1) und (5.2) sowie (5.3) auf die zugehörigen ortsabhängigen Amplituden umschreiben:

$$Q_l(\boldsymbol{r}; \omega_G) = -\frac{N \sum\limits_{k,k'=1}^{3} \gamma_{kk'l} E_k(\boldsymbol{r}; \omega_L) E_{k'}^*(\boldsymbol{r}; \omega_S)}{\omega_G^2 - \omega_G^{(0)2} - 2i\omega_G \Gamma}. \tag{5.10}$$

Setzen wir nun diesen Ausdruck in die Bewegungsgleichung (4.19) ein, so entsteht, wenn wir noch zweckmäßigerweise zur konjugiert komplexen Gleichung übergehen (weil $E_k^*(\boldsymbol{r}; \omega_S)$ nach Gl. (5.1) die räumliche Abhängigkeit $\exp\{i\boldsymbol{k}_S\boldsymbol{r}\}$ besitzt und daher mit der üblicherweise benutzten ortsabhängigen komplexen Amplitude der elektrischen Feldstärke identisch ist),

$$\Delta E_k^*(\boldsymbol{r}; \omega_S) + \frac{\varepsilon_S \omega_S^2}{c^2} E_k^*(\boldsymbol{r}; \omega_S)$$

$$= \frac{4\pi\omega_S^2 N^2}{c^2} \sum_{\substack{k_1,k_2\\k',l}} \frac{\gamma_{kk_1l}\gamma_{k_2k'l} E_{k_1}^*(\boldsymbol{r}; \omega_L) E_{k_2}(\boldsymbol{r}; \omega_L)}{\omega_G^2 - \omega_G^{(0)2} - 2i\omega_G \Gamma} E_{k'}^*(\boldsymbol{r}; \omega_S). \tag{5.11}$$

Diese Relation können wir umformen in

$$\Delta E_k^*(\boldsymbol{r};\omega_S) + \frac{\omega_S^2}{c^2}\Bigg[\varepsilon_S E_k^*(\boldsymbol{r};\omega_S) + 4\pi \sum_{k_1,k_2,k'=1}^{3} \chi^{(R)}_{kk_1k_2k'} \times E^*_{k_1}(\boldsymbol{r};\omega_L) E_{k_2}(\boldsymbol{r};\omega_L) E^*_{k'}(\boldsymbol{r};\omega_S)\Bigg] = 0\,, \qquad (5.12)$$

wobei also die Größe

$$\chi^{(R)}_{kk_1k_2k'} = -N^2 \sum_{l=1}^{3} \frac{\gamma_{kk_1l}\gamma_{k_2k'l}}{\omega_G^2 - \omega_G^{(0)2} - 2i\omega_G\Gamma} \qquad (5.13)$$

die Bedeutung eines Suszeptibilitätstensors für den Prozeß der Erzeugung der STOKES-Welle hat. Gl. (5.12) läßt sich so interpretieren, daß die Wechselwirkung mit den Molekülschwingungen zu einer Änderung des Brechungsindex der STOKES-Welle Anlaß gibt, die durch folgende Änderung des ε-Tensors ausgedrückt wird

$$\Delta\varepsilon_{kk'} = 4\pi \sum_{k_1,k_2=1}^{3} \chi^{(R)}_{kk_1k_2k'} E^*_{k_1}(\boldsymbol{r};\omega_L) E_{k_2}(\boldsymbol{r};\omega_L)\,. \qquad (5.14)$$

Wesentlich ist nun, daß dieser (räumlich konstante) Ausdruck gemäß Gl. (5.13) einen negativen Imaginärteil besitzt[1]), was, wie wir gleich zeigen werden, eine Verstärkung der STOKES-Welle bedeutet. Setzen wir — in Übereinstimmung mit den experimentellen Befunden — voraus, daß die STOKES-Welle und die Pumpwelle in gleicher Weise (linear) polarisiert sind, so ist, wenn wir die Polarisationsrichtung beispielsweise mit der x-Richtung identifizieren, nur die Komponente $\chi^{(R)}_{1111}$ des Suszeptibilitätstensors von Bedeutung, für die wir im folgenden einfach $\chi^{(R)}$ schreiben. Aus der zu Gl. (5.12) konjugiert

---

[1]) Dies gilt jedenfalls für die praktisch bedeutsamen Diagonalelemente $\Delta\varepsilon_{kk}$ im Fall einer linear, sagen wir in x-Richtung polarisierten Pumpwelle, da sich dann das Produkt $\gamma_{kk_1l}\gamma_{k_2k'l}$ in Gl. (5.13) unter Beachtung der Symmetriebeziehung $\gamma_{k_1k_2l} = \gamma_{k_2k_1l}$ auf das Quadrat $(\gamma_{k1l})^2$ reduziert, das stets positiv ist.

komplexen Gleichung folgt dann mit dem Ansatz (5.1)

$$\boldsymbol{k}_S^2 = \frac{\omega_S^2}{c^2} (\varepsilon_S + 4\pi \operatorname{Re} \chi^{(R)} |E_1(\omega_L)|^2 - 4\pi i \operatorname{Im} \chi^{(R)} |E_1(\omega_L)|^2). \tag{5.15}$$

Setzen wir voraus, daß das Medium von zwei Ebenen $z = z_1$ und $z = z_2$ begrenzt wird, so wird die Amplitude der Welle auf den Flächen $z =$ const überall den gleichen Betrag haben. (Denken wir uns die ebene Welle aus sehr vielen einzelnen Licht„strahlen" zusammengesetzt, so ist die Verstärkung, die jeder einzelne Strahl infolge der Raman-Wechselwirkung erfährt, durch die Länge des im Medium zurückgelegten Weges bestimmt, und diese ist für alle Punkte auf einer Fläche $z =$ const die gleiche.) Wir können daher annehmen, daß nur die z-Komponente des Wellenzahlvektors $\boldsymbol{k}_S$ einen Imaginärteil besitzt, also schreiben

$$\boldsymbol{k}_S^2 = k_S^{(x)2} + k_S^{(y)2} + (k_S^{(z)\prime} + i k_S^{(z)\prime\prime})^2. \tag{5.16}$$

Setzen wir den Korrekturterm $k_S^{(z)\prime\prime}$ als betragsmäßig klein im Verhältnis zu $k_S^{(z)\prime}$ voraus, so daß wir nur den in $k_S^{(z)\prime\prime}$ linearen Term mitzunehmen brauchen, so finden wir aus Gl. (5.15) die Beziehung

$$k_S^{(z)\prime\prime} = -\frac{2\pi \omega_S^2}{k_S^{(z)\prime} c^2} \operatorname{Im} \chi^{(R)} |E_1(\omega_L)|^2. \tag{5.17}$$

Damit wird aus Gl. (5.1)

$$\boldsymbol{E}(\boldsymbol{r}; \omega_S) = \boldsymbol{E}(\omega_S) e^{-i(k_S^{(x)}x + k_S^{(y)}y + k_S^{(z)\prime}z)} e^{k_S^{(z)\prime\prime}z}. \tag{5.18}$$

Da der Imaginärteil von $\chi^{(R)}$ negativ ist, besitzt $k_S^{(z)\prime\prime}$ nach Gl. (5.17) im Fall einer nach rechts laufenden Welle einen positiven, im Fall einer nach links laufenden Welle einen negativen Wert, es findet also tatsächlich stets eine Verstärkung statt. (Experimentell lassen sich Werte $k_S^{(z)\prime\prime} \approx 1/\text{cm}$ durchaus realisieren.)

Im Gegensatz dazu führt eine entsprechende Rechnung, die auf der Voraussetzung basiert, daß nur eine Anti-STOKES-Welle (und keine zusätzliche STOKES-Welle) angeregt ist, zu dem Ergebnis, daß die Anti-STOKES-Welle gedämpft wird, sich also nicht ausbilden kann — in Übereinstimmung mit den aus dem quantenmechanischen (korpuskularen) Aspekt des Prozesses sich ergebenden Folgerungen (s. Abschn. 10.4). Dieses Resultat kommt, formal gesehen, dadurch zustande, daß in Gl. (4.20) die Größe $\boldsymbol{Q}(\boldsymbol{r}; \omega_G)$, in Gl. (4.19) dagegen der dazu konjugiert komplexe Wert eingeht und der Übergang zum konjugiert Komplexen ja mit einem Vorzeichenwechsel des Imaginärteils identisch ist.

Der für die Verstärkung der STOKES-Welle maßgebliche Imaginärteil von $\Delta\,\varepsilon_{kk'}$ lautet nach Gln. (5.14) und (5.13) explizit

$$\operatorname{Im} \Delta\,\varepsilon_{kk'} = -8\pi\,N^2 \sum_{k_1,k_2,l=1}^{3} \frac{\gamma_{kk_1l}\,\gamma_{k_2k'l}\,\omega_G\,\Gamma}{(\omega_G{}^2 - \omega_G{}^{(0)2})^2 + 4\,\omega_G{}^2\,\Gamma^2} \times E^*_{k_1}(\boldsymbol{r}; \omega_L)\,E_{k_2}(\boldsymbol{r}; \omega_L). \tag{5.19}$$

Man erkennt hieraus zunächst, daß die Verstärkung linear mit der Intensität der Pumpwelle anwächst. Weiterhin lehrt Gl. (5.19), daß die Dämpfungskonstante Γ der Gitterschwingungen eine wichtige Rolle spielt: Sie definiert die Linienbreite der STOKES-Strahlung, genauer gesagt, den ω_S-Bereich, in dem eine merkliche Verstärkung stattfindet.

Betrachten wir der Einfachheit halber den Fall isolierter Moleküle ($\beta = 0$), so ist die Mittenfrequenz der STOKES-Strahlung durch

$$\omega_S{}^{(M)} = \omega_L - \omega_0 \tag{5.20}$$

gegeben. Wir bestimmen diejenigen Frequenzen

$$\omega_S = \omega_S{}^{(M)} \pm \Delta\,\omega_S \tag{5.21}$$

der STOKES-Strahlung, bei denen die Verstärkung auf die Hälfte des Maximalwerts abgeklungen ist. Aus Gl. (5.19) erhalten wir für $\Delta\omega_S$, setzen wir dort für ω_G den aus Gl. (4.16) folgenden Wert ein, die Bestimmungsgleichung

$$(2\omega_0 - \Delta\omega_S)\,\Delta\omega_S = 2\omega_0\Gamma, \tag{5.22}$$

woraus unter der im Experiment erfüllten Voraussetzung

$$\Gamma \ll \omega_0 \tag{5.23}$$

(die nichts anderes besagt, als daß die für die Dämpfung der Gitterschwingung verantwortlichen Relaxationsprozesse den Molekülen „Zeit lassen", eine größere Zahl von Schwingungen auszuführen) folgt

$$\Delta\omega_S = \Gamma. \tag{5.24}$$

Die Halbwertsbreite des Verstärkungsprofils ist dann also durch 2Γ gegeben. Da das räumliche Anwachsen der Intensität der STOKES-Welle exponentiell erfolgt, ist dieser Wert nicht mit der Halbwertsbreite der STOKES-Linie identisch, er gibt nur die Größenordnung der Linienbreite an, die sich selbst mit zunehmender Länge des im aktiven Medium zurückgelegten Weges immer mehr verkleinert.

Wir wollen noch die bisher offene Frage beantworten, ob die Frequenzbeziehung (4.16) zusammen mit der Phasenanpassungsbedingung (5.3) bei vorgegebener Pumpwelle für jede beliebige Richtung der STOKES-Welle erfüllt werden kann. Dies ist in der Tat der Fall, wie man sich folgendermaßen klarmachen kann: Legen wir das Koordinatensystem so, daß sich die Pumpwelle in z-Richtung ausbreitet, so schreibt sich zunächst Gl. (5.3) in der Form

$$\begin{aligned} k_G^{(x)} &= -k_S^{(x)}, \\ k_G^{(y)} &= -k_S^{(y)}, \\ k_G^{(z)} &= k_L^{(z)} - k_S^{(z)} \end{aligned} \tag{5.25}$$

(unter $\boldsymbol{k}_G$, $\boldsymbol{k}_S$ und $\boldsymbol{k}_L$ verstehen wir jetzt jeweils reelle Vektoren). Verwenden wir wieder näherungsweise die ungestörten Dispersionsbeziehungen, so muß nach Gl. (5.6) einerseits gelten

$$\omega_S = \frac{c}{\sqrt{\varepsilon_S}} k_S, \tag{5.26}$$

während andererseits aus der Dispersionsbeziehung (2.30) für die optischen Gitterschwingungen unter Beachtung von Gln. (5.25) sowie der Frequenzrelation (4.16) folgt

$$\omega_S = \omega_L - \omega_G = \omega_L - \sqrt{\omega_0^2 - \beta (k_L^2 + k_S^2 - 2 k_L k_S \cos \theta)}, \tag{5.27}$$

wobei θ den Winkel zwischen den Ausbreitungsrichtungen der STOKES-Welle und der Pumpwelle (z-Richtung) bezeichnet. Gln. (5.26) und (5.27) zusammen definieren dann den ausgezeichneten Wert von k_S, für den sowohl die Frequenzbeziehung (4.16) als auch die Phasenanpassungsbedingung (5.3) erfüllt ist. Graphisch ergibt sich dieser Wert als die Abszisse des Schnittpunkts der Geraden (5.26) mit der durch Gl. (5.27) repräsentierten Kurve, die oberhalb der horizontalen Geraden $\omega_S = \omega_L - \omega_0$ verläuft und von dieser nur wenig abweicht. Es ist offensichtlich, daß ein solcher Schnittpunkt stets existiert. Physikalisch bedeutet dies, daß STOKES-Strahlung grundsätzlich in jeder Richtung beobachtet werden kann.

Wir wollen uns nun der Frage zuwenden, unter welchen Bedingungen zusätzlich zur STOKES-Strahlung auch eine Anti-STOKES-Welle auftritt. Aus energetischen Gründen muß dann durch eine STOKES-Welle geeigneter Ausbreitungsrichtung eine Gitterschwingung angeregt sein, die im Zusammenwirken mit der Pumpwelle die Anti-STOKES-Strahlung erzeugen kann. Eine genauere Behandlung dieses Prozesses erfordert die simultane Lösung des Gleichungssystems (4.18)—(4.20), die wir im folgenden Abschnitt vornehmen werden. Für eine erste Orientierung reicht es aus, wenn wir die jedenfalls notwendige Phasenanpassungsbedingung (4.24), zusammen mit der aus Gln. (4.16) und (4.17) folgenden Frequenzrelation

$$\omega_S + \omega_A = 2\omega_L, \tag{5.28}$$

diskutieren. Wir können zunächst sagen, daß die genannten Beziehungen nur für ausgezeichnete Richtungen der Anti-STOKES-Welle erfüllbar sind; im besonderen kann eine Anti-STOKES-Welle nicht in der Ausbreitungsrichtung der Pumpwelle ausgestrahlt werden, denn dann wären alle drei Wellenvektoren gleichgerichtet, und es müßte, wenn wir näherungsweise wieder die ungestörten Dispersionsbeziehungen vom Typ (5.26) verwenden, gemäß Gl. (4.24) gelten

$$\sqrt{\varepsilon_S}\,\omega_S + \sqrt{\varepsilon_A}\,\omega_A = 2\sqrt{\varepsilon_L}\,\omega_L, \tag{5.29}$$

was wegen der stets vorhandenen Dispersion des Mediums ($\varepsilon_S \neq \varepsilon_A \neq \varepsilon_L$) mit Gl. (5.28) nicht verträglich ist.

Es ist somit zu erwarten, daß eine Anti-STOKES-Strahlung sich (im Fall eines isotropen Mediums) in Form von Kegeln (mit der Ausbreitungsrichtung der Pumpwelle als Symmetrieachse) ausbreitet. In praxi handelt es sich (bei Anti-STOKES-Strahlung bestimmter Ordnung, s. u.) um einen einzigen Kegel mit einem (wegen der meist schwachen Dispersion) kleinen Öffnungswinkel von wenigen Grad.

Die zugehörigen — sozusagen als Pumpmechanismus für die Anti-STOKES-Wellen wirksamen — STOKES-Wellen haben dann andere, durch Gl. (4.24) festgelegte Ausbreitungsrichtungen, die offenbar ebenfalls einen Kegelmantel bilden. Diese STOKES-Wellen stehen dann, falls die Anti-STOKES-Wellen angeregt sind, in Wechselwirkung mit Gitterschwingungen geringerer Amplitude, als dies sonst (bei fehlender Kopplung der zugehörigen Gitterschwingungen an Anti-STOKES-Wellen) der Fall ist; das bedeutet — da die Gitterschwingungen ja den

Prozeß der Erzeugung der STOKES-Strahlung stimulieren (wie man an der treibenden Kraft in Gl. (4.19) erkennt) –, sie werden schwächer angeregt sein. In der Tat findet man experimentell bei einer photographischen Aufnahme des Streulichts Ringe geringerer Helligkeit innerhalb der STOKES-Strahlung, während sich die Anti-STOKES-Strahlung durch helle Ringe zu erkennen gibt (s. z. B. [14, 43]).

Daß häufig jeweils mehrere Ringe auftreten, liegt daran, daß die durch RAMAN-Streuung neu entstandene Strahlung, sofern sie genügend intensiv ist (was in der Tat bei hinreichend starkem Pumpen der Fall ist), selbst wieder als Pumpwelle wirksam werden und dadurch STOKES- und Anti-STOKES-Wellen höherer Ordnung erzeugen kann. Da bei jedem Streuprozeß eine Frequenzverschiebung um $\pm\omega_G$ erfolgt, sind die auftretenden Frequenzen äquidistant, d. h., es wird ein „leiterförmiges" Frequenzspektrum beobachtet. Hierin besteht ein charakteristischer Unterschied zum spontanen RAMAN-Effekt, wo ebenfalls mehrere Linien, jedoch mit unterschiedlichem Abstand, in Erscheinung treten. In diesem Fall sind an der Wechselwirkung mit der eingestrahlten Welle *verschiedene* Schwingungsniveaus der Moleküle beteiligt, die – da der zugehörige Potentialverlauf de facto von dem eines harmonischen Oszillators abweicht – nicht mehr äquidistant liegen, während bei der stimulierten RAMAN-Streuung nur *ein* Typ von Molekülschwingungen (nämlich der mit der größten Übergangswahrscheinlichkeit) an das Strahlungsfeld gekoppelt ist, das seinerseits – frequenzmäßig gesehen – selbst aus äquidistanten Linien besteht. (Da es sich um *stimulierte* Prozesse handelt, wird der Pumpwelle durch die Wechselwirkung mit der am leichtesten anregbaren Molekülschwingung soviel Energie entzogen, daß für die anderen Molekülschwingungen nicht mehr genügend Energie übrigbleibt.) Demzufolge erhält man durch Ausnutzung des stimulierten RAMAN-Effekts weniger Informationen über die Moleküleigenschaften als bei der spontanen RAMAN-Streuung.

Im folgenden Abschnitt wollen wir nun den Prozeß der Erzeugung einer Anti-STOKES-Strahlung noch etwas genauer diskutieren.

10.6. Kopplung zwischen Stokes- und Anti-Stokes-Strahlung

Wir nehmen an, daß simultan eine STOKES- und eine Anti-STOKES-Welle sowie eine „passende“ optische Gitterschwingung angeregt sind. (Die Pumpstrahlung setzen wir wieder als eine ebene Welle mit vorgegebener, räumlich konstanter Amplitude voraus.) Alle beteiligten Wellen (einschließlich der Gitterschwingung) seien in der gleichen Richtung linear polarisiert. Es ist dann nur eine Komponente des Tensors $\gamma_{kk'l}$ von Bedeutung, die wir kurz mit γ bezeichnen. Gleichzeitig werden die (auf die Koordinatenrichtung bezüglichen) Indizes an den ortsabhängigen Amplituden der Wellen entbehrlich. Wir verwenden (wie bei der Behandlung der STOKES-Strahlung in Abschn. 10.5) Gl. (4.18), um die Amplitude der Gitterschwingung durch die elektrischen Feldstärken auszudrücken. Wir erhalten so (bei erfüllten Phasenanpassungsbedingungen (4.23) und Vernachlässigung der Imaginärteile der Wellenzahlvektoren) die Darstellung

$$Q(\omega_G) = -\frac{N\gamma\{E(\omega_L)E^*(\omega_S) + E(\omega_A)E^*(\omega_L)\}}{\omega_G{}^2 - \omega_G{}^{(0)2} - 2i\omega_G\Gamma}, \qquad (6.1)$$

wobei noch von Gl. (5.7) Gebrauch gemacht wurde. Unter Beachtung der Phasenanpassungsbedingungen (4.23) können wir statt dessen auch schreiben

$$Q(\boldsymbol{r};\omega_G) = -\frac{N\gamma\{E(\boldsymbol{r};\omega_L)E^*(\boldsymbol{r};\omega_S) + E(\boldsymbol{r};\omega_A)E^*(\boldsymbol{r};\omega_L)\}}{\omega_G{}^2 - \omega_G{}^{(0)2} - 2i\omega_G\Gamma}. \qquad (6.2)$$

Setzen wir diesen Ausdruck in Gln. (4.19) und (4.20) ein, so entsteht, wenn wir im ersten Fall zur konjugiert komplexen Gleichung übergehen,

$$\Delta E^*(\boldsymbol{r};\omega_S) + \frac{\varepsilon_S \omega_S^2}{c^2} E^*(\boldsymbol{r};\omega_S)$$

$$= -\frac{4\pi\omega_S^2}{c^2}\chi^{(R)}\{|E(\boldsymbol{r};\omega_L)|^2 E^*(\boldsymbol{r};\omega_S)$$

$$+ E^{*2}(\boldsymbol{r};\omega_L)E(\boldsymbol{r};\omega_A)\}, \qquad (6.3)$$

$$\Delta E(\boldsymbol{r};\omega_A) + \frac{\varepsilon_A \omega_A^2}{c^2} E(\boldsymbol{r};\omega_A) = -\frac{4\pi\omega_A^2}{c^2}$$

$$\times \chi^{(R)}\{E^2(\boldsymbol{r};\omega_L)E^*(\boldsymbol{r};\omega_S) + |E(\boldsymbol{r};\omega_L)|^2 E(\boldsymbol{r};\omega_A)\} \qquad (6.4)$$

mit

$$\chi^{(R)} = -\frac{N^2\gamma^2}{\omega_G^2 - \omega_G^{(0)2} - 2i\omega_G\Gamma} \qquad (6.5)$$

als RAMAN-Suszeptibilität (s. Gl. (5.13)).

Wir setzen voraus, daß das Medium den Halbraum $z \geqq 0$ erfülle. Wie in Abschn. *10.5* können wir dann schließen, daß die Amplituden der STOKES- und der Anti-STOKES-Welle auf den zur Eintrittsfläche $z = 0$ der Pumpstrahlung parallelen Ebenen betragsmäßig konstant sind, d. h., die Verstärkung der Wellen wird sich in einer reinen z-Abhängigkeit ihrer Amplituden bemerkbar machen. Wir schreiben demzufolge die ortsabhängigen Amplituden in der Form

$$E(\boldsymbol{r};\omega_S) = E_S(z)\,e^{-i\boldsymbol{k}_S^0\boldsymbol{r}}, \qquad (6.6)$$

$$E(\boldsymbol{r};\omega_A) = E_A(z)\,e^{-i\boldsymbol{k}_A^0\boldsymbol{r}}, \qquad (6.7)$$

wobei $\boldsymbol{k}_S^0$ und $\boldsymbol{k}_A^0$ die (reellen) Wellenzahlvektoren bezeichnen, die bei Abwesenheit der Pumpwelle (also vermöge der ungestörten Dispersionsbeziehungen vom Typ (5.26)) den Frequenzen ω_S und ω_A — bei jeweils vorgegebener Ausbreitungsrichtung — entsprechen.

Die noch zu bestimmende z-Abhängigkeit der Amplituden $E_S(z)$ und $E_A(z)$ wird neben einem exponentiellen Anwachsen (evtl. auch Abklingen) eine Phasenänderung, ausgedrückt durch einen Faktor $\exp\{i\Delta k_\lambda' z\}$ $(\lambda = S, A)$ mit einem reellen Wert $\Delta k_\lambda'$ beschreiben, die also eine Änderung des (reellen) Brechungsindex des Mediums infolge der Wechselwirkung zum Ausdruck bringt. Bei den x- und y-Komponenten der Wellenzahlvektoren ist ein solcher Effekt nicht zu erwarten; deshalb wurde in Gln. (6.6) und (6.7) für diese Komponenten der ungestörte Wert eingesetzt.

Gehen wir nun mit dem Ansatz (6.6), (6.7) in die Bewegungsgleichungen (6.3) und (6.4) ein und vernachlässigen — in der Annahme, daß die Amplituden $E_S(z)$ und $E_A(z)$ nur schwach von z abhängen werden — die zweiten Ableitungen von $E_S(z)$ und $E_A(z)$ nach z, so entsteht das Gleichungssystem

$$i k_S^{(z)0} \frac{\mathrm{d}E_S^*}{\mathrm{d}z} = -\frac{2\pi\omega_S^2}{c^2} \chi^{(R)} \{|E(\omega_L)|^2 E_S^* + E^{*2}(\omega_L) E_A e^{i(2k_L - k_S^0 - k_A^0)r}\}, \tag{6.8}$$

$$i k_A^{(z)0} \frac{\mathrm{d}E_A}{\mathrm{d}z} = \frac{2\pi\omega_A^2}{c^2} \chi^{(R)} \{|E(\omega_L)|^2 E_A + E^2(\omega_L) E_S^* e^{-i(2k_L - k_S^0 - k_A^0)r}\}. \tag{6.9}$$

Da die linken Seiten dieser Gleichungen nicht von x und y abhängen, muß das gleiche für die rechten Seiten gelten, d. h., es müssen die Relationen

$$2k_L^{(x)} = k_S^{(x)0} + k_A^{(x)0} \tag{6.10}$$

sowie

$$2k_L^{(y)} = k_S^{(y)0} + k_A^{(y)0} \tag{6.11}$$

bestehen, die nichts anderes als die Bedingung für die Phasenanpassung in x- bzw. y-Richtung bedeuten (s.

Gl. (4.24)). Die Gln. (6.8) und (6.9) nehmen so, verwenden wir noch die Abkürzung

$$\Delta k \equiv 2 k_L^{(z)} - k_S^{(z)0} - k_A^{(z)0}, \tag{6.12}$$

die folgende Gestalt an

$$k_S^{(z)0} \frac{\mathrm{d} E_S^*}{\mathrm{d} z} = \frac{2\pi i \omega_S^2}{c^2} \chi^{(R)} \{ |E(\omega_L)|^2 E_S^* + E^{*2}(\omega_L) E_A e^{i\Delta k z} \}, \tag{6.13}$$

$$k_A^{(z)0} \frac{\mathrm{d} E_A}{\mathrm{d} z} = -\frac{2\pi i \omega_A^2}{c^2} \chi^{(R)} \{ |E(\omega_L)|^2 E_A + E^2(\omega_L) E_S^* e^{-i\Delta k z} \}. \tag{6.14}$$

Offenbar gibt die Größe Δk den Wert an, um den die ungestörte Phasenanpassungsbedingung (4.24) für die z-Komponente der Wellenzahlvektoren verletzt ist.

Es empfiehlt sich nun, von der Amplitude $E_A(z)$ einen Faktor $\exp\{-i \Delta k z\}$ abzuspalten gemäß

$$E_A(z) = \hat{E}_A(z) e^{-i\Delta k z}. \tag{6.15}$$

Aus Gln. (6.13) und (6.14) wird so ein Differentialgleichungssystem mit konstanten Koeffizienten, nämlich

$$k_S^{(z)0} \frac{\mathrm{d} E_S^*}{\mathrm{d} z} = \frac{2\pi i \omega_S^2}{c^2} \chi^{(R)} \{ |E(\omega_L)|^2 E_S^* + E^{*2}(\omega_L) \hat{E}_A \}, \tag{6.16}$$

$$k_A^{(z)0} \left(\frac{\mathrm{d} \hat{E}_A}{\mathrm{d} z} - i \Delta k \hat{E}_A \right) = -\frac{2\pi i \omega_A^2}{c^2} \chi^{(R)} \times \{ |E(\omega_L)|^2 \hat{E}_A + E^2(\omega_L) E_S^* \}, \tag{6.17}$$

dessen Lösung wiederum leicht durch einen Exponentialansatz der Form

$$\begin{aligned} E_S^*(z) &= \tilde{E}_S e^{i\alpha z}, \\ \hat{E}_A(z) &= \tilde{E}_A e^{i\alpha z} \end{aligned} \tag{6.18}$$

(mit dem gleichen Wert des Exponenten α!) gefunden werden kann. Aus Gln. (6.16) und (6.17) entsteht so das *algebraische* lineare homogene Gleichungssystem

$$\left\{\alpha k_S^{(z)0} - \frac{2\pi\omega_S^2}{c^2}\chi^{(R)}|E(\omega_L)|^2\right\}\tilde{E}_S - \frac{2\pi\omega_S^2}{c^2}\chi^{(R)}E^{*2}(\omega_L)\tilde{E}_A = 0, \tag{6.19}$$

$$\frac{2\pi\omega_A^2}{c^2}\chi^{(R)}E^2(\omega_L)\tilde{E}_S + \left\{k_A^{(z)0}(\alpha - \Delta k) + \frac{2\pi\omega_A^2}{c^2}\chi^{(R)}|E(\omega_L)|^2\right\}\tilde{E}_A = 0. \tag{6.20}$$

Mit der bekannten Schlußweise, daß dieses System nur dann eine nichttriviale Lösung besitzt, wenn seine Koeffizientendeterminante

$$\det\begin{pmatrix} \alpha k_S^{(z)0} - \frac{2\pi\omega_S^2}{c^2}\chi^{(R)}|E(\omega_L)|^2 & -\frac{2\pi\omega_S^2}{c^2}\chi^{(R)}E^{*2}(\omega_L) \\ \frac{2\pi\omega_A^2}{c^2}\chi^{(R)}E^2(\omega_L) & k_A^{(z)0}(\alpha - \Delta k) + \frac{2\pi\omega_A^2}{c^2}\chi^{(R)}|E(\omega_L)|^2 \end{pmatrix}$$

$$= \alpha^2 k_S^{(z)0}k_A^{(z)0} + \alpha\left\{\left(\frac{2\pi\omega_A^2 k_S^{(z)0}}{c^2} - \frac{2\pi\omega_S^2 k_A^{(z)0}}{c^2}\right)\times\chi^{(R)}|E(\omega_L)|^2 - k_S^{(z)0}k_A^{(z)0}\Delta k\right\} + \frac{2\pi\omega_S^2 k_A^{(z)0}}{c^2}\chi^{(R)}|E(\omega_L)|^2\Delta k \tag{6.21}$$

verschwindet, erhalten wir dann, wenn wir noch den Unterschied zwischen den Größen $\omega_A^2 k_S^{(z)0}$ und $\omega_S^2 k_A^{(z)0}$ näherungsweise vernachlässigen (was gerechtfertigt ist, da sich einerseits die Frequenzen ω_A und ω_S — relativ gesehen — nur wenig unterscheiden und andererseits, wie in Abschn. 10.5 bemerkt, auch die Richtungen der STOKES- und der Anti-STOKES-Welle nur wenig voneinander verschieden sind), α als Lösung der quadratischen Gleichung

$$\alpha^2 - \Delta k \alpha + \frac{2\pi \omega_S{}^2}{c^2 k_S{}^{(z)0}} \chi^{(R)} \, |E(\omega_L)|^2 \, \Delta k = 0 \qquad (6.22)$$

zu

$$\alpha = \frac{\Delta k}{2} \pm \sqrt{\left(\frac{\Delta k}{2}\right)^2 - g \Delta k}, \qquad (6.23)$$

wobei wir die Abkürzung

$$g \equiv \frac{2\pi \omega_S{}^2}{c^2 k_S{}^{(z)0}} \chi^{(R)} \, |E(\omega_L)|^2 \qquad (6.24)$$

verwendet haben. Nach Gl. (5.17) ist der negative Imaginärteil dieser Größe gerade die Gewinnkonstante (bezogen auf die Feldstärke) für die STOKES-Welle im Fall fehlender Wechselwirkung mit einer Anti-STOKES-Welle.

Wir diskutieren nun die Lösung (6.23), deren negativer Imaginärteil nach Gln. (6.18) eine Verstärkung *sowohl* der STOKES- *als auch* der Anti-STOKES-Welle beschreibt. Zunächst verschwindet α, wenn die ungestörte Phasenanpassungsbedingung $\Delta k = 0$ erfüllt ist. Es wird also weder die STOKES- noch die Anti-STOKES-Welle verstärkt. Da in diesem Fall offenbar Entartung vorliegt, muß man genauer so argumentieren: Die beiden zu $\Delta k = 0$ gehörigen (voneinander unabhängigen) Lösungen $E_S{}^*(z)$, $\hat{E}_A(z)$ wachsen nicht exponentiell an, sondern ändern sich nur linear — und dazu noch schwach — mit z. Andererseits werden aber die entsprechenden Wellen im Medium (durch Absorption und Streuung) stets exponentiell gedämpft, so daß sie sich de facto nicht ausbilden können.

Ist andererseits die Verstimmung Δk sehr groß

$$|\Delta k| \gg |g|, \tag{6.25}$$

so können wir die Lösung (6.23) für α schreiben als

$$\alpha = \frac{\Delta k}{2}\left(1 \pm \sqrt{1 - \frac{4g}{\Delta k}}\right) \approx \frac{\Delta k}{2}\left\{1 \pm \left(1 - \frac{2g}{\Delta k}\right)\right\}, \tag{6.26}$$

so daß gilt

$$\alpha_1 = \Delta k - g, \tag{6.27}$$

$$\alpha_2 = g. \tag{6.28}$$

Hier beschreibt, da ein negativer Wert des Imaginärteils von α einer Verstärkung entspricht und die Größe g nach Abschn. 10.5 gerade einen negativen Imaginärteil besitzt, nur die zweite Lösung (6.28) einen Verstärkungsvorgang. Das Verhältnis der Amplituden $\tilde{\tilde{E}}_S$ und $\tilde{\tilde{E}}_A$ von STOKES- und Anti-STOKES-Welle berechnet sich aus Gl. (6.20), wenn wir wieder $\omega_A{}^2 k_S{}^{(z)0} \approx \omega_S{}^2 k_A{}^{(z)0}$ setzen und Gl. (6.24) beachten, zu

$$\frac{\tilde{\tilde{E}}_S}{\tilde{\tilde{E}}_A} = \frac{\Delta k - \alpha - g}{g}\, e^{2i\varphi_L} \tag{6.29}$$

mit φ_L als Phase der Pumpwelle. Mit α gemäß Gl. (6.28) und der Voraussetzung (6.25) ergibt sich hieraus

$$\left|\frac{\tilde{\tilde{E}}_S}{\tilde{\tilde{E}}_A}\right| \approx \frac{|\Delta k|}{|g|} \gg 1, \tag{6.30}$$

so daß praktisch nur die STOKES-Welle angeregt ist. Damit ist die in Abschn. 10.5 gemachte Voraussetzung des Auftretens allein einer STOKES-Welle für den Fall gerechtfertigt, daß letztere eine solche Ausbreitungsrichtung besitzt, für die eine Phasenanpassung gemäß Gl. (4.24) nicht möglich ist. Tatsächlich stimmt auch die durch den negativen Imaginärteil von Gl. (6.28) definierte

Verstärkung genau mit dem in Abschn. 10.5 erhaltenen Resultat überein.

Eine merkliche Anregung auch einer Anti-STOKES-Welle findet dann statt, wenn Δk und g von gleicher Größenordnung sind. Sei beispielsweise

$$\Delta k = |g| \tag{6.31}$$

und befinde sich die Gitterschwingung in Resonanz mit dem Strahlungsfeld ($\omega_G = \omega_G^{(0)}$), so daß wir schreiben können

$$g = -i\,|g|, \tag{6.32}$$

dann erhalten wir nach Gl. (6.23) für α die beiden Werte

$$\alpha = \frac{|g|}{2}\left(1 \pm \sqrt{1 + 4i}\right). \tag{6.33}$$

Hier entspricht nur das Minuszeichen vor der Wurzel einer Verstärkung, und der numerische Wert der Wurzel beträgt

$$\sqrt{1 + 4i} \approx 1{,}6 + 1{,}2i, \tag{6.34}$$

so daß der interessierende Wert α lautet

$$\alpha \approx -(0{,}3 + 0{,}6i)\,|g|. \tag{6.35}$$

Wir haben somit einen Gewinnkoeffizienten der Größe $0{,}6\,|g|$, und das Amplitudenverhältnis (6.29) nimmt den Wert

$$\frac{\tilde{E}_S}{\tilde{E}_A} \approx (1{,}3i - 1{,}6)\,e^{2i\varphi_L} \tag{6.36}$$

an, woraus das Intensitätsverhältnis zu

$$\left|\frac{\tilde{E}_S}{\tilde{E}_A}\right|^2 \approx 4{,}25 \tag{6.37}$$

folgt, was in der Tat eine merkliche Anregung der Anti-Stokes-Welle bedeutet.

Detailliertere Aussagen über die Intensität der Anti-Stokes-Strahlung als Funktion von Δk oder auch der Frequenzabweichung $\omega_G - \omega_G^{(0)} = \omega_L - \omega_S - \omega_G^{(0)}$ ergeben sich aus Gln. (6.23) und (6.29) mit größerem rechnerischen Aufwand. Entsprechende Resultate finden sich in [56].

Bei kleinen Werten von $|g|$ können wir jedenfalls sagen, daß die Anti-Stokes-Strahlung in solche Richtungen emittiert wird, die von dem durch die ungestörte Phasenanpassungsbedingung (4.24) definierten Kegel nur geringfügig abweichen. Da, wie oben festgestellt, die Stokes- und die Anti-Stokes-Welle bei genauer Erfüllung dieser Bedingung $(\Delta k = 0)$ nicht verstärkt werden, sollte die Intensität des Anti-Stokes-Lichts (ungefähr) in der Linienmitte auf Null abfallen. Für die Beobachtung einer solchen Feinstruktur reicht aber die Meßgenauigkeit nicht aus.

Nach diesen Ausführungen über den stimulierten Raman-Effekt wollen wir uns nun noch kurz mit der Brillouin-Streuung beschäftigen.

10.7. Brillouin-Streuung

Dieser Prozeß ist grundsätzlich analog der Raman-Streuung. Der Unterschied besteht nur darin, daß an die Stelle der optischen die akustischen Gitter schwingungen treten. Wegen des im Verhältnis zur Lichtgeschwindigkeit sehr kleinen Werts der Schallgeschwindigkeit ist nun die als Folge der Streuung auftretende Frequenzverschiebung außerordentlich gering, d. h., die Wellenzahlvektoren der Streuwelle und der Pumpwelle sind praktisch gleich lang. Eine merkliche Frequenzverschiebung (entsprechend einem großen Betrag des Wellenzahlvektors $\boldsymbol{k}_G$ der Gitterschwingung) findet demzufolge, da ja die Phasenanpassungsbedingung (4.22) erfüllt sein muß, nur dann statt, wenn sich die Wellenzahlvektoren $\boldsymbol{k}_B$ und $\boldsymbol{k}_L$ *richtungsmäßig* sehr unterscheiden; die Frequenzverschiebung ist maximal im Fall der Rückwärtsstreuung ($\boldsymbol{k}_B$ und $\boldsymbol{k}_L$ entgegengesetzt gerichtet).

Formelmäßig ergibt sich die Frequenzverschiebung als Funktion des Winkels θ zwischen $\boldsymbol{k}_B$ und $\boldsymbol{k}_L$ aus der

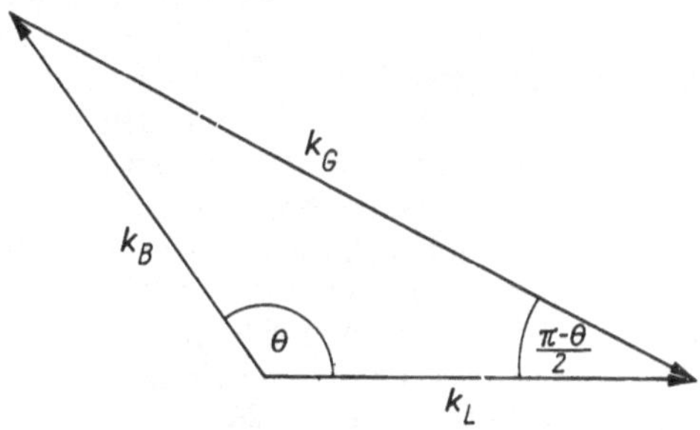

Abb. 19 Phasenanpassung im Fall der BRILLOUIN-Streuung.

Abb. 19. Offenbar gilt in der Näherung $|k_B| = |k_L|$

$$|\boldsymbol{k}_G| = 2\,|\boldsymbol{k}_L| \sin\frac{\theta}{2}, \tag{7.1}$$

woraus sich die Frequenz ω_G der Gitterschwingung nach Gl. (2.22) und der Dispersionsbeziehung für die Pumpwelle vom Typ (5.26) zu

$$\omega_G = 2\,\frac{c_S}{c}\,\sqrt{\varepsilon_L}\,\omega_L \sin\frac{\theta}{2} \tag{7.2}$$

ergibt. Um diesen Wert wird also gemäß der Frequenzbedingung (4.8) die Frequenz der Pumpwelle (nach kleineren Werten hin) verschoben.

Die stimulierte Erzeugung einer BRILLOUIN-Strahlung vom Anti-STOKES-Typ ist nicht möglich, denn dann müßte ein und dieselbe Gitterschwingung sowohl mit einer STOKES- als auch mit einer Anti-STOKES-Welle wechselwirken, d. h., es müßte (analog zu Gl. (4.24) für die entsprechende Situation bei der RAMAN-Streuung) gelten

$$2\boldsymbol{k}_L = \boldsymbol{k}_S{}^{(B)} + \boldsymbol{k}_A{}^{(B)} \tag{7.3}$$

(mit $\boldsymbol{k}_S{}^{(B)}$, $\boldsymbol{k}_A{}^{(B)}$ als Wellenzahlvektor der STOKES- bzw. Anti-STOKES-Welle), was bei (praktisch) gleicher Länge der Wellenzahlvektoren $\boldsymbol{k}_L$, $\boldsymbol{k}_S{}^{(B)}$ und $\boldsymbol{k}_A{}^{(B)}$ nur dann der Fall ist, wenn alle drei Vektoren gleichgerichtet sind. Dann findet aber nach Gl. (7.2) gar keine Frequenzverschiebung, also kein Streuvorgang statt.

Die mathematische Behandlung des die BRILLOUIN-Streuung beschreibenden Gleichungssystems (4.11) — (4.13) können wir nun in genau der gleichen Weise vornehmen wie im Fall der STOKES-Strahlung beim RAMAN-Effekt. Wir vernachlässigen wieder die Rückwirkung des Streuprozesses auf die Pumpstrahlung, lassen also Gl. (4.13) außer acht. Aus Gl. (4.11) folgt mit dem Ansatz laufender ebener Wellen (s. Gln. (5.1), (5.2)), wenn wir die Phasenanpassungsbedingung (4.22) als erfüllt voraussetzen,

$$(\varrho\,\omega_G{}^2 - C\boldsymbol{k}_G{}^2 - 2i\,\omega_G\varrho\,\Gamma)\, s_l(\omega_G)$$

$$= -i \sum_{l',k',l'=1}^{3} p_{ll'kk'}\, k_G{}^{(l')} E_k(\omega_L) E_{k'}^*(\omega_B)\,. \tag{7.4}$$

Damit wird mit

$$\omega_G{}^{(0)2} = \frac{C}{\varrho}\,|\boldsymbol{k}_G|^2 \tag{7.5}$$

(gemäß Gln. (2.22) und (2.27))

$$s_l(\omega_G) = -i\,\frac{\sum\limits_{l_1,k',l_1=1}^{3} p_{ll_1k_1k'}\, k_G{}^{(l_1)} E_{k_1}(\omega_L) E_{k'}^*(\omega_B)}{\varrho\,(\omega_G{}^2 - \omega_G{}^{(0)2} - 2i\,\omega_G\Gamma)} \tag{7.6}$$

oder, wenn wir diese Relation mit $\exp\{-i\boldsymbol{k}_G\boldsymbol{r}\} = \exp\{-i\boldsymbol{k}_L\boldsymbol{r}\}\exp\{i\boldsymbol{k}_B\boldsymbol{r}\}$ erweitern,

$$s_l(\boldsymbol{r};\omega_G) = -i\,\frac{\sum\limits_{k_1,k',l_1=1}^{3} p_{ll_1k_1k'}\,k_G^{(l_1)}\,E_{k_1}(\boldsymbol{r};\omega_L)\,E_{k'}^*(\boldsymbol{r};\omega_B)}{\varrho\,(\omega_G^2 - \omega_G^{(0)2} - 2i\,\omega_G\Gamma)}. \tag{7.7}$$

Setzen wir diesen Ausdruck in Gl. (4.12) ein, so erhalten wir, wenn wir noch zur konjugiert komplexen Gleichung übergehen,

$$\Delta E_k^*(\boldsymbol{r};\omega_B) + \frac{\varepsilon_B\omega_B^2}{c^2}\,E_k^*(\boldsymbol{r};\omega_B)$$

$$= \frac{4\pi\omega_B^2}{c^2}\sum_{\substack{k_1,k_2,k'\\ l,l',l_1}} \frac{p_{ll'kk_2}\,p_{ll_1k_1k'}\,k_G^{(l_1)}\,k_G^{(l')}}{\varrho\,(\omega_G^2 - \omega_G^{(0)2} - 2i\,\omega_G\Gamma)}$$

$$\times\, E_{k_1}(\boldsymbol{r};\omega_L)\,E_{k_2}^*(\boldsymbol{r};\omega_L)\,E_{k'}^*(\boldsymbol{r};\omega_B)\,. \tag{7.8}$$

Der für die stimulierte BRILLOUIN-Streuung charakteristische Suszeptibilitätstensor lautet demnach

$$\chi_{kk_2k_1k'} = -\sum_{k_1,l,l'=1}^{3} \frac{p_{ll'kk_2}\,p_{ll_1k_1k'}\,k_G^{(l_1)}\,k_G^{(l')}}{\varrho\,(\omega_G^2 - \omega_G^{(0)2} - 2i\,\omega_G\Gamma)}, \tag{7.9}$$

dessen (negativer) Imaginärteil für die Verstärkung der BRILLOUIN-Strahlung maßgebend ist.

Nach der durchgeführten Behandlung der unelastischen Streuprozesse, bei denen also das Medium den eingestrahlten Photonen gewissermaßen nur einen kleinen Bruchteil seiner Energie entzieht (bzw. im Fall der Anti-STOKES-Strahlung eine kleine Portion dazugibt), wollen wir nun noch kurz auf solche Vorgänge eingehen, bei denen die Lichtquanten als Ganzes absorbiert werden.

11. Mehr-Photonen-Ionisation

11.1. Photo-Effekt

Bekanntlich können durch Einstrahlung von Licht Elektronen aus Atomen freigesetzt werden. Quantenmechanisch betrachtet läuft der Vorgang so ab, daß jeweils ein Lichtquant der Frequenz ω von den Atomen „verschluckt“ wird. (In der Tat ist diese Vorstellung der Kern der von Einstein [17] schon lange vor der Schaffung der eigentlichen Quantenmechanik postulierten Lichtquantenhypothese!) Dabei wird das Atom ionisiert, d. h. aus dem Grundzustand, in dem es sich normalerweise befindet, in einen Zustand versetzt, der dem Kontinuum angehört. Die Gültigkeit des Energiesatzes führt dann zu der Forderung

$$\hbar\omega > I_0, \tag{1.1}$$

wobei I_0 die Ionisierungsenergie bezeichnet, i. e. den Abstand zwischen der unteren Grenze E_G des Kontinuums und der Energie E_i des Grundzustands. Da man die abgelösten Elektronen näherungsweise als frei ansehen kann, setzt sich die Energie des Atoms nach erfolgter Absorption eines Lichtquants additiv aus E_G und der kinetischen Energie

$$T = \frac{m^{(\mathrm{El})}}{2} v^2 \tag{1.2}$$

der Elektronen (mit $m^{(\mathrm{El})}$ als Masse und v als Geschwindigkeit der Elektronen) zusammen, so daß die Energiebilanz in der Form

$$\frac{m^{(\mathrm{El})}}{2} v^2 = \hbar\omega - I_0 \tag{1.3}$$

zu schreiben ist.

Falls die Ungleichung (1.1) nicht erfüllt ist, sollte es keine Photo-Ionisation geben. Diese Aussage ist nun allerdings nur so lange richtig, wie die Intensität des einfallenden Lichts zu groß ist, wie es bei konventionellen Lichtquellen (z. B. Gasentladungsröhren) der Fall ist. Bei sehr intensiver Einstrahlung, wie sie durch Verwendung von Lasern ermöglicht wird, kann die Energiebilanz im Fall $\hbar\omega < I_0$ dadurch in Ordnung gebracht werden, daß an Stelle eines Photons simultan zwei oder noch mehr Photonen von dem gleichen Atom absorbiert werden. Dieser Vorgang ist im Formalismus der quantenmechanischen Störungstheorie als ein Prozeß höherer Ordnung aufzufassen, den man sich gedanklich in Teilprozesse zerlegt denken kann, bei denen jeweils ein Photon absorbiert wird und das Atom in ein „Zwischenniveau" übergeht (wobei grundsätzlich alle Atomniveaus als derartige Zwischenniveaus in Frage kommen). Diese Teilprozesse sind „virtuell" in dem Sinn, daß keine reale Besetzung der Zwischenniveaus erfolgt — wir schließen den Fall aus, daß eine zufällige Resonanz existiert, i. e., daß die Energie von p Photonen mit dem Abstand irgendeines angeregten Niveaus vom Grundniveau übereinstimmt —, weil nämlich der Energiesatz für die einzelnen Teilprozesse jeweils verletzt ist. Letzterer gilt nur für den Gesamtprozeß; er lautet, falls die Energie von m Photonen erforderlich ist, um das Atom in das Kontinuum zu „heben", analog zu Gl. (1.3)

$$\frac{m^{(\mathrm{El})}}{2} v^2 = m\hbar\omega - I_0. \qquad (1.4)$$

Wir wollen nun die störungstheoretische Übergangswahrscheinlichkeit für einen solchen m-Quanten-Photo-Effekt aufschreiben.

11.2. Störungstheoretische Behandlung

Gemäß Gl. (3.10), Kapitel 1, ist der die Wechselwirkung eines (gebundenen) Elektrons mit dem Strahlungsfeld repräsentierende Operator in Dipolnäherung gegeben durch

$$H^W = -\boldsymbol{D}\hat{\boldsymbol{E}}, \tag{2.1}$$

wobei $\hat{\boldsymbol{E}}$ den Operator der elektrischen Feldstärke und $\boldsymbol{D} = e\boldsymbol{r}$ (e Ladung, $\boldsymbol{r}$ – vom Schwerpunkt $\boldsymbol{r}_S$ aus gezählter – Ortsvektor des Elektrons) den Dipoloperator des Atoms bezeichnet. Nehmen wir der Einfachheit halber an, daß das elektromagnetische Feld als Anregungszustand einer einzigen Eigenschwingung aufgefaßt werden kann, so läßt sich H^W nach Gln. (3.3) und (3.13), Kapitel 5, in folgender Form darstellen

$$H^W = -\boldsymbol{D}[\boldsymbol{a}(\boldsymbol{r}_S)q + \boldsymbol{a}^*(\boldsymbol{r}_S)q^+] \tag{2.2}$$

mit q, q^+ als Photonenvernichtungs- bzw. -erzeugungsoperator. Der Operator (2.2) verknüpft also solche Zustände des Gesamtsystems, die sich in der Photonenzahl genau um den Wert Eins unterscheiden.[1]) Ein Prozeß, bei dem m Photonen simultan absorbiert werden, erfordert somit zu seiner Beschreibung die m-te Ordnung der Störungsrechnung. Offenbar ist dabei der zu q^+ proportionale Anteil des Wechselwirkungsoperators (2.2) – da er ja der Erzeugung eines Photons entspricht – bedeutungslos, und wir können ihn im folgenden weglassen.

Die uns interessierenden Matrixelemente von H^W lauten dann unter Berücksichtigung von Gl. (2.29), Kapitel 5,

$$\langle j', n-1 \,|H^W|\, j, n\rangle = -\boldsymbol{D}_{j'j}\boldsymbol{a}(\boldsymbol{r}_S)\sqrt{n}. \tag{2.3}$$

Dabei kennzeichnen die Indizes j, j' die ungestörten Atom-Eigenfunktionen, unter n ist ein (scharfer) Wert

[1]) Verwendet man an Stelle des Wechselwirkungsoperators (2.1) den in nichtrelativistischer Näherung exakten Ausdruck $H^W = -\frac{e}{mc}\boldsymbol{p}\boldsymbol{A} + \frac{e^2}{2mc^2}\boldsymbol{A}^2$ ($\boldsymbol{A}$ Operator des Vektorpotentials, m Masse und $\boldsymbol{p}$ Impulsoperator des Elektrons), so enthält H^W über den zu $\boldsymbol{A}^2$ proportionalen Anteil noch Operatoren, die für einen Zwei-Photonen-Prozeß charakteristisch sind. Es konnte jedoch allgemein gezeigt werden [15], daß der $\boldsymbol{A}^2$-Term von H^W in Dipolnäherung keinen Beitrag zur Mehr-Quanten-Absorption liefert.

der Photonenzahl zu verstehen, und mit $\boldsymbol{D}_{j'j}$ wurde das Matrixelement

$$\boldsymbol{D}_{j'j} = \langle j' \,|\boldsymbol{D}|\, j\rangle \tag{2.4}$$

abgekürzt.

Um möglichst einfach rechnen zu können, setzen wir voraus, daß sich das Strahlungsfeld zur Anfangszeit $t = 0$ in einem Zustand $|N\rangle$ scharfer Photonenzahl befinde. Die Photonenzahl N sei dabei sehr groß gegen Eins; wir können dann den Unterschied zwischen N, $N - 1, \ldots$ und $N - m + 1$ vernachlässigen, also — da n in Gl. (2.3) bei dem betrachteten Prozeß gerade diese Werte annimmt — auf der rechten Seite von Gl. (2.3) für n den Anfangswert N einsetzen.

Nach den bekannten Formeln der Störungstheorie (s. z. B. [54]) schreibt sich allgemein die Wahrscheinlichkeitsamplitude für den (in m-ter Ordnung ablaufenden) Prozeß $g_i \to g_f$ (g_i und g_f seien Eigenzustände des ungestörten Hamilton-Operators des Gesamtsystems) in der Gestalt

$$b_f^{(m)}(t) = \frac{(-1)^m}{\hbar^m} \frac{e^{i\omega_{g_f, g_i} t} - 1}{\omega_{g_f, g_i}}$$

$$\times \sum_{g_1, g_2, \ldots, g_{m-1}} \frac{\langle g_f \,|H^W|\, g_{m-1}\rangle\langle g_{m-1} \,|H^W|\, g_{m-2}\rangle \cdots \langle g_1 |H^W|\, g_i\rangle}{\omega_{g_{m-1}, g_i}\, \omega_{g_{m-2}, g_i} \ldots \omega_{g_1, g_i}} \tag{2.5}$$

mit der Abkürzung

$$\omega_{g', g} = \omega_{g'} - \omega_g \,. \tag{2.6}$$

Die Summation ist dabei jeweils grundsätzlich über alle ungestörten Eigenzustände des Systems zu erstrecken. (De facto erfolgt eine Auswahl durch die Forderung, daß der Zähler in dem Ausdruck (2.5) nicht verschwindet.)

In unserem Fall ist der Ausgangszustand gegeben durch

$$|g_i\rangle = |i, N\rangle = |i\rangle\, |N\rangle , \tag{2.7}$$

wobei $|i\rangle$ den anfänglichen Atomzustand bezeichnet; entsprechend lautet der Endzustand

$$|g_f\rangle = |f, N - m\rangle = |f\rangle\,|N - m\rangle \tag{2.8}$$

mit einem dem Kontinuum angehörenden Atomzustand $|f\rangle$.

Da bei jedem virtuellen Teilprozeß ein Photon der Frequenz ω vernichtet wird, haben die Energienenner unter dem Summenzeichen in Gl. (2.5) das folgende Aussehen

$$\begin{aligned} \omega_{g_1,g_i} &= \omega_{j_1,i} - \omega\,, \\ \omega_{g_2,g_i} &= \omega_{j_2,i} - 2\omega\,, \\ &\;\;\vdots \\ \omega_{g_{m-1},g_i} &= \omega_{j_{m-1},i} - (m-1)\,\omega \end{aligned} \tag{2.9}$$

mit $\hbar\,\omega_{j,i}$ als Abstand zwischen dem Zwischenniveau j und dem Ausgangsniveau i des Atoms. (Wir beschränken uns bei den Zwischenzuständen des Atoms auf die diskreten Energieniveaus, die den Hauptanteil der Summe in Gl. (2.5) ausmachen.)

Der Resonanznenner

$$\omega_{g_f,g_i} = \omega_{f,i} - m\,\omega \tag{2.10}$$

in Gl. (2.5) bringt den Energiesatz (für den Gesamtprozeß) zum Ausdruck, der nach Gl. (1.4) die kinetische Energie der abgelösten Elektronen festlegt.

Setzen wir nun die Ausdrücke (2.3) und (2.9) (in der Näherung $n \approx N$) in Gl. (2.5) ein, so entsteht

$$b_f^{(m)}(t) = \frac{1}{\hbar^m}\,\sqrt{N}^m\,\frac{e^{i(\omega_{f,i} - m\omega)t} - 1}{\omega_{f,i} - m\,\omega}$$

$$\times \sum_{j_1,j_2,\ldots,j_{m-1}} \frac{\big(\boldsymbol{D}_{f,j_{m-1}}\boldsymbol{a}(\boldsymbol{r}_S)\big)\big(\boldsymbol{D}_{j_{m-1},j_{m-2}}\boldsymbol{a}(\boldsymbol{r}_S)\big)\cdots\big(\boldsymbol{D}_{j_1,i}\boldsymbol{a}(\boldsymbol{r}_S)\big)}{[\omega_{j_{m-1},i} - (m-1)\,\omega][\omega_{j_{m-2},i} - (m-2)\,\omega]\cdots[\omega_{j_1,i} - \omega]}\,. \tag{2.11}$$

Um zu einer (zeitunabhängigen) Übergangswahrscheinlichkeit pro Zeiteinheit zu gelangen, summieren wir wie üblich die Größe $|b_f^{(m)}(t)|^2$ (welche bekanntlich die Wahrscheinlichkeit angibt, das System zur Zeit t im Endzustand (2.8) vorzufinden) über die mit den Beobachtungsbedingungen verträglichen Endzustände. Denken wir uns nur die Richtung der abgelösten Elektronen (mit einem durch das Raumwinkelelement $\mathrm{d}\Omega$ ausgedrückten Spielraum) durch die Beobachtung fixiert, so bedeutet die genannte Summation eine Integration über die kinetische Energie der Photo-Elektronen (die sich wegen des δ-funktionsähnlichen Charakters der Funktion $|\exp\{i(\omega_{f,i} - m\omega)t\} - 1|^2/(\omega_{f,i} - m\omega)^2$ praktisch auf die Umgebung der Stelle (1.4) reduziert).

Die gesuchte Übergangswahrscheinlichkeit pro Zeiteinheit ergibt sich so zu

$$\mathrm{d}w = 2\pi\hbar^{-1}\varrho^{(\mathrm{El})}\,|K_{fi}|^2\,N^m\,\mathrm{d}\Omega \tag{2.12}$$

mit $\varrho^{(\mathrm{El})}$ als Dichte der Elektronenzustände (an der Stelle (1.4)) und

$$K_{fi} = \frac{1}{\hbar^{m-1}} \sum_{j_1, j_2, \ldots, j_{m-1}} \frac{\big(\boldsymbol{D}_{f,j_{m-1}}\boldsymbol{a}(\boldsymbol{r}_S)\big)\big(\boldsymbol{D}_{j_{m-1},j_{m-2}}\boldsymbol{a}(\boldsymbol{r}_S)\big)\cdots\big(\boldsymbol{D}_{j_1,i}\boldsymbol{a}(\boldsymbol{r}_S)\big)}{[\omega_{j_{m-1},i} - (m-1)\omega][\omega_{j_{m-2},i} - (m-2)\omega]\cdots[\omega_{j_1,i} - \omega]} \tag{2.13}$$

Eine explizite Auswertung der Formel (2.12) ist wegen der vielen auszuführenden Summationen recht mühsam und nur maschinell möglich. Eine entsprechende Rechnung für den Fall der Zwei-Photonen-Ionisation des Wasserstoffs wurde in [68] vorgenommen. Eine größenordnungsmäßige Abschätzung der Übergangswahrscheinlichkeit erhält man, in dem man in den Nennern von Gl. (2.13) die *verschiedenen* Niveauabstände $\hbar\omega_{j_i,i}$

näherungsweise durch ein und denselben Wert, etwa die Ionisierungsenergie I_0, ersetzt (s. [26]). Wir beschränken uns hier auf einige einfache aus Gln. (2.12) und (2.13) zu ziehende Schlußfolgerungen.

Ganz wesentlich ist, daß die Übergangswahrscheinlichkeit nach Gl. (2.12) mit N^m, also der m-ten Potenz der Lichtintensität anwächst. Dies erklärt zunächst die Tatsache, daß eine m-Photonen-Ionisation bei hinreichend großer Intensität der einfallenden Welle tatsächlich beobachtet werden kann. Weiterhin läßt die genannte Abhängigkeit erkennen, daß der Prozeß quasi einen Schwellencharakter besitzt. Kommt man nämlich mit der Intensität in den „kritischen" Bereich, in dem die Übergangswahrscheinlichkeit merklich wird, so genügt eine geringe weitere Vergrößerung der Intensität — denken wir etwa an m-Werte von der Größenordnung 10, wie sie bei Edelgasen im Fall der Einstrahlung mit einem Rubinlaser vorliegen —, um die Übergangswahrscheinlichkeit bereits um eine Größenordnung anwachsen zu lassen.

Weiterhin wirken sich Amplitudenfluktuationen der Strahlung (bei gleichbleibender mittlerer Intensität $\bar{I}$) günstig auf die Übergangswahrscheinlichkeit aus: Sei die Amplitude des elektrischen Feldes an verschiedenen Raumpunkten verschieden groß, so wird die Übergangswahrscheinlichkeit auf Grund ihrer Proportionalität zu N^m an Stellen vergrößerter Intensität $\bar{I} + \Delta I$ wesentlich mehr zunehmen, als sie sich an Stellen entsprechend verkleinerter Intensität $\bar{I} - \Delta I$ verringert. Die Mittelung über einen Raumbereich liefert somit insgesamt eine größere Übergangswahrscheinlichkeit als bei räumlich konstanter Intensität.

Schließlich liest man aus Gl. (2.13) ab, daß die Übergangswahrscheinlichkeit merklich anwächst, wenn Resonanznähe in dem Sinn vorliegt, daß einer der Nenner in Gl. (2.13) sehr klein wird. (Bei entsprechender *genauer* Resonanz wird das betreffende Niveau tatsächlich besetzt, d. h., der Gesamtprozeß zerfällt in zwei reale, nacheinander ablaufende Teilprozesse.)

Der diskutierte Effekt der m-Photonen-Ionisation spielt, experimentell gesehen, eine wichtige Rolle bei dem durch Einstrahlung einer (fokussierten) Laserwelle erzeugten Durchschlag in Gasen, speziell in Edelgasen. Er stellt dann den „Zündmechanismus" dar, durch den primär Elektronen freigesetzt werden. Diese werden dann durch den zur bekannten Bremsstrahlung inversen Prozeß weiter beschleunigt und damit in die Lage versetzt, andere Atome durch Stöße zu ionisieren. Es kommt so zur Entstehung einer Elektronenlawine, und das Gas leuchtet (infolge der Rekombinationsstrahlung) auf.

Literaturverzeichnis

[1] Achmanow, S. A., und Chochlow, R. W., Problemy nelinejnoj optiki. Moskau 1964.

[2] Alfano, R. R., und Shapiro, S. L., Phys. Rev. Lett. **24** (1970) 584.

[3] Armstrong, J. A., Bloembergen, N., Ducuing, J., und Pershan, P. S., Phys. Rev. **127** (1962) 1918.

[4] Bass, M., Franken, P. A., Hill, A. E., Peters, C. W., und Weinreich, G., Phys. Rev. Lett. **8** (1962) 18.

[5] Bass, M., Franken, P. A., Ward, J. F., und Weinreich, G., Phys. Rev. Lett. **9** (1962) 446.

[6] Bergmann, L., Der Ultraschall und seine Anwendung in Wissenschaft und Technik. VDI-Verlag, Berlin 1944.

[7] Bloembergen, N., Nonlinear Optics. W. A. Benjamin, Inc., New York 1965.

[8] Bohr, N., und Rosenfeld, L., Dan. Mat. Fys. Medd. **12**, Nr. 8 (1933).

[9] Brown, R. Hanbury, und Twiss, R. Q., Nature **177** (1956) 27.

[10] Brunner, W., Fortschr. d. Phys. **20** (1972) 629.

[11] Brunner, W., Paul, H., und Bandilla, A., Ann. Physik **27** (1971) 69.

[12] Brunner, W., Paul, H., Richter, G., und Steudel, H., Ann. Physik **21** (1968) 187.

[13] Butcher, P. N., Nonlinear Optical Phenomena. University Publication, Ohio State University, Columbus (Ohio) 1965.

[14] Chiao, R., und Stoicheff, B. P., Phys. Rev. Lett. **12** (1964) 290.

[15] Cohan, N. V., und Hameka, H. F., Phys. Rev. **151** (1966) 1076.

[16] Duguay, M. A., und Hansen, J. W., Appl. Phys. Lett. **15** (1969) 192.

[17] Einstein, A., Ann. Physik **17** (1905) 132.

[18] Flügge, S., und Marschall, H., Rechenmethoden der Quantentheorie, Bd. I. 2. Aufl., S. 173, Springer-Verlag, Berlin 1952.

[19] Franken, P. A., Hill, A. E., Peters, C. W., und Weinreich, G., Phys. Rev. Lett. **7** (1961) 118.

[20] Garmire, E., und Townes, C. H., Appl. Phys. Lett. **5** (1964) 84.
[21] Giallorenzi, T. G., und Tang, C. L., Phys. Rev. **166** (1968) 225.
[22] Giordmaine, J. A., und Miller, R. C., Phys. Rev. Lett. **14** (1965) 973.
[23] Giordmaine, J. A., und Miller, R. C., in P. L. Kelley, B. Lax und P. E. Tannenwald (Hrsg.), Physics of Quantum Electronics. S. 31, McGraw-Hill Book Co., New York 1966.
[24] Glauber, R. J., Phys. Rev. **131** (1963) 2766.
[25] Glauber, R. J., „Optical Coherence and Photon Statistics" in C. DeWitt u. a. (Hrsg.), Quantum Optics and Electronics. Gordon and Breach, New York 1965.
[26] Gold, A., und Bebb, H. B., Phys. Rev. Lett. **14** (1965) 60.
[27] Göppert-Mayer, M., Ann. Physik **9** (1931) 273.
[28] Graham, R., und Haken, H., Z. f. Physik **210** (1968) 276.
[29] Grob, K., Z. f. Physik **184** (1965) 395.
[30] Harris, S. E., Oshman, M. K., und Byer, R. L., Phys. Rev. Lett. **18** (1967) 732.
[31] Heitler, W., The Quantum Theory of Radiation. 3rd Ed., Oxford University Press 1954.
[32] Hund, F., Einführung in die Theoretische Physik, Bd. **II** Theorie der Elektrizität und des Magnetismus. 2. Aufl., VEB Bibliograph. Institut, Leipzig 1951.
[33] Israilenko, A. I., Kowrigin, A. I., und Nickles, P. W., Žurn. èksper. teor. Fiz., Pisma **12** (1970) 475.
[34] Kaiser, W., und Garrett, C. G. B., Phys. Rev. Lett. **7** (1961) 229.
[35] Källén, G., Quantenelektrodynamik in S. Flügge (Hrsg.), Handb. Phys. **V/1**. Springer-Verlag, Berlin 1958.
[36] Kleinman, D. A., Phys. Rev. **174** (1968) 1027.
[37] Lagally, M., Vorlesungen über Vektorrechnung. 6. Aufl., Geest & Portig, Leipzig 1959.
[38] Lamb, W. E., Jr., Phys. Rev. **134** (1964) A 1429.
[39] Leibfried, G., in S. Flügge (Hrsg.), Handb. Phys. **VII/1**. Springer-Verlag, Berlin 1955.
[40] Louisell, W. H., Coupled Mode and Parametric Electronics. John Wiley & Sons, New York 1960.
[41] Louisell, W. H., Yariv, A., und Siegman, A. E., Phys. Rev. **124** (1961) 1646.
[42] Maiman, T. H., Nature **187** (1960) 493.
[43] Maker, P. D., und Terhune, R. W., Phys. Rev. **137** (1965) A 801.

[44] Mollow, B. R., und Glauber, R. J., Phys. Rev. **160** (1967) 1076.
[45] Paul, H., Fortschr. d. Phys. **14** (1966) 141.
[46] Paul, H., Lasertheorie **I**. Akademie-Verlag, Berlin 1969.
[47] Paul, H., Lasertheorie **II**. Akademie-Verlag, Berlin 1969.
[48] Paul, H., Brunner, W., und Richter, G., Ann. Physik **12** (1963) 325.
[49] Paul, H., und Frahm, J., Ann. Physik **19** (1967) 216.
[50] Placzek, G., in E. Marx (Hrsg.), Handbuch der Radiologie, Bd. **6**, Teil II. 2. Aufl., Akademische Verlagsgesellschaft, Leipzig 1934.
[51] Power, E. A., und Zienau, S., Phil. Trans. Roy. Soc. **A 251** (1959) 427.
[52] Rebka, G. A., und Pound, R. V., Nature **180** (1957) 1035.
[53] Richards, P. I., Phys. Rev. **73** (1948) 254.
[54] Schiff, L. I., Quantum Mechanics. 2nd Ed., McGraw-Hill Book Co., New York 1955.
[55] Schubert, M., und Wilhelmi, B., Einführung in die nichtlineare Optik, Bd. **1**. Teubner Verlagsgesellschaft, Leipzig 1971.
[56] Shen, Y. R., und Bloembergen, N., Phys. Rev. **137** (1965) A 1787.
[57] Sommerfeld, A., Vorlesungen über Theoretische Physik, Bd. **IV** Optik. Dieterich'sche Verlagsbuchhandlung, Wiesbaden 1950.
[58] Susskind, L., und Glogower, J., Physics **1** (1964) 49.
[59] Szivessy, G., in H. Geiger und K. Scheel (Hrsg.), Handb. Phys., Bd. **20**. Springer-Verlag, Berlin 1928.
[60] Terhune, R. W., Maker, P. D., und Savage, C. M., Phys. Rev. Lett. **8** (1962) 404.
[61] Wanjukow, M. P., Wolosow, W. D., und Rastschektajewa, M. I., Optika i Spektroskopija **25** (1968) 735.
[62] Ward, J. F., Phys. Rev. **143** (1966) 569.
[63] Weduta, A. P., und Kirsanow, B. P., Žurn. ėksper. teor. Fiz. **56** (1969) 1175.
[64] Weinberg, D. L., Appl. Phys. Lett. **14** (1969) 32.
[65] Wigner, E. P., Group Theory and its Application to the Quantum Mechanics of Atomic Spectra. Academic Press, New York 1959.
[66] Woodbury, E. J., und Ng, W. K., Proc. IRE **50** (1962) 2367.
[67] Wünsche, A., Mber. Dt. Akad. Wiss. **12** (1970) 296.
[68] Zernik, W., Phys. Rev. **135** (1964) A 51.
[69] Zernike, F., Jr., und Berman, P. R., Phys. Rev. Lett. **15** (1965) 999.

Sachverzeichnis

Der Autor

- **verwendet den im ersten Band entwickelten formalen Apparat zur detaillierten Beschreibung der Harmonischen-Erzeugung und der parametrischen Oszillation**

- **behandelt mit quantenmechanischen Hilfsmitteln den optischen parametrischen Verstärker besonders im Hinblick auf dessen Rauschverhalten**

- **gibt eine ausführliche Darstellung der stimulierten Raman- und Brillouin-Streuung im Rahmen eines klassischen Modells**

- **beschreibt mit Hilfe der quantenmechanischen Störungsrechnung die parametrische Fluoreszenz sowie die Mehr-Quanten-Absorption**

WISSENSCHAFTLICHE TASCHENBÜCHER

FSC
www.fsc.org
MIX
Papier | Fördert gute Waldnutzung
FSC® C083411

Zeitfracht Medien GmbH
Ferdinand-Jühlke-Straße 7
99095 Erfurt, Deutschland
produktsicherheit@kolibri360.de